聚焦20%
高密度工作力

図解 2割に集中して結果を出す習慣術

古川武士——著
卓惠娟——譯

推薦序1

不完美，不見得不完整

張永錫

完美主義到底是好處？還是壞處？

我從小是個懶惰鬼，從來就不想多花一點時間來完成事情。暑假作業總是最後做，爸媽交代做家事拖到最後一秒，連入社會還是拖拖拉拉。

像我這樣的人成為時間管理講師，還是真是奇怪。或許這是因為我和本書作者一樣參透了「高密度工作力」的意義。

暑假作業沒做完，但是也多少寫一點，最後一天拚一拚、寫一寫，最後也交出一份完整的作業。

爸媽交代家事拖到最後一秒，讓他們生氣地收拾後果，全家還是一起完成所有家務。

工作拖拖拉拉，因為經驗不足，但總還是進兩步、退一步地向前推進，最後整個工程還是在團隊努力下徹底完成。

完美主義是好事，但是能夠讓適當地推動專案、協同作業、累積一天天的努力成為團隊目標，當一個聚焦二〇%重點的「高密度工作者」，雖然不夠完美，但是夠完整，這樣一種做事風格，就是本書想探討的。

書中提出「高密度工作者」的概念，讓我們針對規劃週、日、Now（現在）的完整目標，分享我身為時間管理講師的經驗。

每週我會在筆記本檢視上週專案、規劃整週的行事曆並推進下週專案，並讓我們對整週有個鳥瞰的視角（書中稱為高密度工作思考模式）。

每天，則是會把自己重要又緊急的事及重要不緊急的事情，列成今日工作清單，並貼到 Line 群組和團隊分享（整個團隊都要共享今日工作清單），這樣有助於團隊協作，推對團隊手上各個專案，在一天範圍內，達成靈活快速的協作。

當下，我手上有一個寫作大綱（Now 清單，眼前要做的工作清單），讓我寫這篇文章能夠依照大綱推進，快速完成。

這樣一個週、日、Now 的完整清單，幫助自己，也幫助團隊快速前進，雖然每天做的事情，並無法完全照計畫前進（不完美），但是團隊及我已經竭盡全力，那麼就夠了；因為也要盡可能早點回家，盡好照顧家人的責任。

「不完美還是完整」，是我從《聚焦二〇%高密度工作力》一書得到的體會，也祝福大家成為「高密度工作者」，工作及家庭兩相顧。

（本文作者為幸福行動家創辦人、時間管理講師。）

推薦序2

告別完美主義，做一個高密度工作者

鄭緯筌

由於以往曾任職於網路產業和媒體圈的關係，讓我習慣了快速的工作步調，也在不知不覺中，養成了對於速度和效率的高度依賴。

年輕的時候，總以為能夠順利完成老闆所交付的各種任務，就是一種「當責」的表現。但事過境遷之後，學會自我檢討，我才發現過度迷戀把事情做好做滿的結果，就會不自覺地掉入了「完美主義」的泥淖中。

以前，我常自詡自己能夠一心多用，也就是採用「多工處理」的模式，擅於在不同的任務之間迅速切換。後來，我才發現這種作法不見得有太多好處，甚至可能造成注意力的耗損。是以，若能用「單工處理」的模式專注在每一項工作上，不但能提升效率，也能減少情緒的干擾。

拜讀過《聚焦二〇%高密度工作力》之後，我很能認同作者的看法。

誠然，追求盡善盡美並沒有錯，但過度的完美主義，其實會對一般的職場人士造成傷害。很多人因為害怕失敗，而對「完美」一詞，產生了一種錯誤的印象和見解。這些擔憂，其實是沒有必要的。

真正的高手，不會連瑣事也追求完美，只會把注意力放在值得關注的重點上——與其將努力過程視為一種美德，倒不如鼓舞自己可以及時完成工作，負責地匯報成果。

完美主義者容易過度聚焦在瑣碎的事情上，光注意細節卻忽略了行業的宏觀調控。比較好的作法，應該是要能夠「見樹又見林」。如果，你也想像高手一樣——致力於提高每單位時間的專注力，我很樂意你推薦閱讀這本好書。

（本文作者為內容駭客網站創辦人、臺灣電子商務創業聯誼會理事長。）

前言

放下你的完美主義思維

二〇一四年九月，國際網球大滿貫系列賽當中，每年度第四項、也是最後一項的美國網球公開賽，亞洲球員裡首度取得大滿貫單打亞軍的錦織圭選手，他在這場準決賽採取的戰術，可說是「高密度工作思維」的最佳示範。他和準決賽世界排名第一的塞爾維亞名將諾瓦克·喬科維奇（Novak Djokovic），雙方交手時的比賽結果如下：

第一盤：六比四／第二盤：一比六／第三盤：七比六／第四盤：六比三

尤其值得注目的是，錦織圭在第二盤僅取得一局而落敗[1]。看了比賽的實況，顯然是他不勉強自己去追著球跑的結果。

不過，這其實是他的戰術，有策略地防止消耗體力。在應該取勝的盤數全力以赴，認為不利者則徹底「放鬆」。

專家認為，適度掌握這樣的鬆緊節奏，正是他的真本事。

換句話說，錦織圭把「放鬆時機」拿捏得恰到好處。

同樣地，能在工作上展現高度成果的人，也是了解「專注時機與放鬆時機」的人。並非對所有工作都竭盡全力，而是把力量集中在兩成的關鍵工作，才能展現佳績。

你的身邊是不是也有這樣的人？

「為什麼他總是早早下班卻能做出成效？」

「為什麼那個人平常一副老神在在的模樣，但總是能準時交件？」

像這樣的人，正是因為他們洞悉工作本質，在能夠展現成效的關鍵處全力以赴；其他部分則巧妙地放鬆力道。

然而，掌握放鬆時機卻是一件「知易行難」的事情。為什麼人們很難適度放鬆呢？

這全是因為「完美主義思維」在作祟。

我從與許多商務人士進行諮商的經驗中，深切體會到，完美主義思維是妨礙效率、產生巨大壓力、恐懼失敗，以及陷入自我厭惡的元凶。

那麼，我們可以選擇的最佳思考方式是什麼呢？那就是「高密度工作思維」。

所謂「高密度工作思維」，就是能夠掌握「專注時機與放鬆時機」，明白該集中的兩成關鍵為何，避免徒勞無功的努力，在有限時間內做出最大成果。只要養成這種思考習慣，就能以較少的時間，獲得更大的成果。

而且，不給自己過度的壓力，就能減輕他人施壓所造成的焦慮和不安。

我認為採取這種方式，才能在大量工作和私人事務上，以有限時間創造自身的幸福及成果，並發揮最高效率。

本書想傳達給讀者的，就是從完美主義思維轉移成高密度工作思維，讓自己養成高密度工作者必備的思考與行為習慣。

期盼你能藉由本書，減輕多餘的壓力，獲得更有效率地展現成果的提示。

1 網球比賽規則中，一盤球賽有十三局，先贏六局者為勝。

目錄

第2章 發揮高效準備力，來提高成果

第3章 不畏失敗而行動

第4章 從容不迫做準備

第5章 善用「他人的力量」

★本書是從二〇一四年出版的《放鬆力量，集中兩成以大幅提升成效的習慣》（小社刊）精選內容，並大幅增修，以圖解方式呈現的加強版。

序　章

完美主義
使工作效率下降

抱持完美主義錯了嗎？

完美主義者普遍認為「確實完成」與「講究細節」乃是一種美德，這個想法本身並沒有錯。

抱持完美主義，當然能帶來好處。在我個人所舉辦的講座中，就曾有與會者提出以下的看法。

〔完美主義的優點〕

・覺得確實達成了工作。
・產生成就感，感到滿足。
・擁有想更努力的上進心。
・獲得肯定、贏得尊敬。
・免於失誤。

・感到安心。
・覺得盡了全力。
・提高完成度。

要讓完美主義者轉變成高密度工作者時，或許他們就會害怕喪失上述這些優點吧。我自己也曾是完美主義的代表之一，所以非常了解這樣的心情。

不過，本書所提出的高密度工作方式，是希望讀者徹底掌握該著力處與該放鬆處，以避免無謂地浪費精力，取得最大的工作成效。所以就結果而言，反而能提升工作成果，以及周遭人對自己的評價。

▼過度完美主義，在職場上會帶來弊病

美國職棒大聯盟的選手鈴木一朗，他追求極致完美的打擊姿勢，而鈴木在探求過程中，可說是不厭其煩地要求盡善盡美。

日本第一的天婦羅職人早乙女哲哉，三十年間，每天都為了講究理想的烹飪技法，

時時反省技法不如預期的時刻。

電影導演黑澤明、蘋果公司的史帝夫．賈伯斯都算是過度理想主義者，極力追求完美。然而，這也為他們帶來非凡的成就。

但是，我認為**過度完美主義，反而只會對一般上班族帶來不良的影響**。

運動選手或職人等，他們所從事的工作，透過追求毫無饜足的堅持與理想，展現出令人感動的成果。

然而，一般上班族並非埋首於單一工作，而是必須承接連續不斷的工作，同時進行多項計畫。在進行過程中，需要時常調整優先順序，追求最佳處理流程，在有限時間內達成工作績效。

也就是說，過度完美主義的話，將會妨礙流程的最佳化。

我看過許多人，因為承擔太多工作，卻不委派給別人，時常工作到三更半夜，連假日也加班，如此殫精竭慮之下，結果身心崩潰。曾有一位在銀行服務的女性，便懷有以下煩惱：

・工作上不允許任何失誤，需要確實完美地進行。

・總是害怕失敗，時時刻刻都感到不安與恐懼，心情無法放鬆。
・從以前就屬於不照決定的順序完成工作，就渾身不對勁的人。
・對別人也很嚴格，甚至與行事草率者一起工作就焦慮不安。
・希望在時間充裕時，全力以赴處理繁重的工作，所以就把工作往後延。

我期望透過本書解決上述問題。

▼完美主義不是個性，而是習慣

常有人問我：「不過，完美主義不是個性使然嗎？」

根據我從講座與擔任個人顧問的經驗，我可以篤定地回答：「完美主義並不是個性使然，而是思考習慣所造成」。

我們或許很難改變個性，卻可以控制習慣。

多年來，我身為習慣諮詢顧問，協助眾多人養成行為習慣、健康習慣、思考習慣，以這些知識和智慧為基礎，與各位讀者分享減輕壓力的思考習慣系統。

完美主義立即診斷表

同樣是完美主義，但也有因人而異的思考傾向。

請各位讀者先掌握自己的思考傾向，再繼續閱讀本書，才會更有效果。

接著第一步，先來診斷看看你是否屬於完美主義者。

① 請回答第二十三頁上半部的十五個問題。

② 加總每個問題的分數後，填寫於右側的三個「合計」欄位中。

③ 將「思考傾向一的一～五題合計」、「思考傾向二的六～十題合計」、「思考傾向三的十一～十五題合計」之數字，填入二十三頁右下圖表。

最後，就可得出如同二十三頁左下圖表的結果。

3. 非常符合 2. 符合 1. 稍微符合 0. 完全不符合

NO	題目	回答	合計
1.	事情無法照預定計畫進行時，就容易自我否定，覺得「我真沒用」。	3 — 2 — 1 — 0	/15
2.	容易將工作成果分為「成功」和「失敗」的二分法思考傾向。	3 — 2 — 1 — 0	
3.	認為任何事都有正確答案，具有必須如預期進行的思考傾向。	3 — 2 — 1 — 0	
4.	平時動不動就會說「一定要〇〇才行」。	3 — 2 — 1 — 0	
5.	即使是小小的失誤，也不會以「無可奈何」來原諒自己。	3 — 2 — 1 — 0	
6.	被委託工作時，傾向預估必要以上的工作量或成果。	3 — 2 — 1 — 0	/15
7.	抱持自己的理想，覺得「應該這麼做」的念頭強烈，容易花費過多的時間。	3 — 2 — 1 — 0	
8.	容易執著於一些並非對方要求，而是自己堅持的事物。	3 — 2 — 1 — 0	
9.	認為自己的個性，傾向不輕易妥協的職人氣質。	3 — 2 — 1 — 0	
10.	即使在忙碌時期，也要求工作達到理想成果而無法妥協，以致容易長期加班。	3 — 2 — 1 — 0	
11.	不想讓上司對自己失望，不希望受指責的想法很強烈。	3 — 2 — 1 — 0	/15
12.	覺得被委託的工作如果沒有做到完美，就不會獲得肯定而感到不安。	3 — 2 — 1 — 0	
13.	即使只受到輕微的批評，也會覺得無法達成上司期待而沮喪。	3 — 2 — 1 — 0	
14.	在工作上，被誇讚「不愧是你達到的成果！」時，就會異常開心。	3 — 2 — 1 — 0	
15.	交給上司或前輩的報告，會極度慎重地一再檢查。	3 — 2 — 1 — 0	

完美主義診斷表（例）

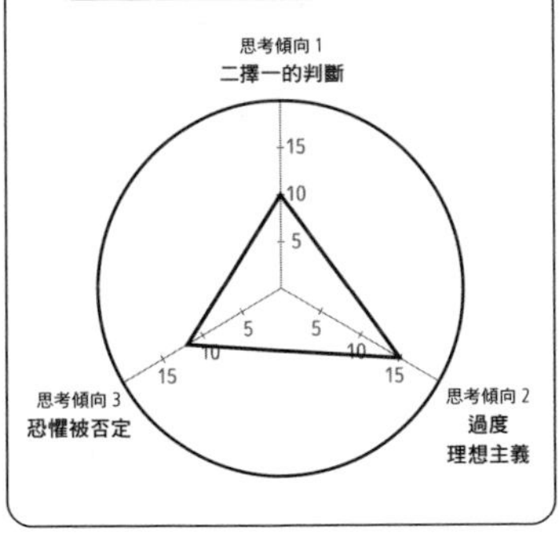

完美主義診斷表

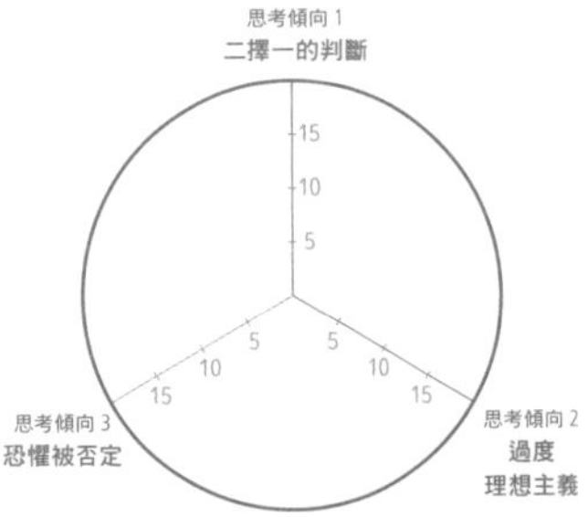

完美主義的三個典型

完美主義大略可以分為三種類型傾向。

這是我擔任諮詢顧問時，根據客戶們的思考傾向所歸納出的分類。

以下先說明各個類型的特徵，請讀者對照前一頁的診斷結果，確認自己屬於哪一種傾向。

〈思考傾向一〉二擇一的判斷

這種傾向強烈的人，思考容易偏向極端，認為不是滿分就是零分，過度恐懼失敗。

而且，有時過度重視沒做到的事而自我譴責，並陷入自我厭惡。雖然這種個性能夠確實執行工作，也講求正確性，但是不擅長因應狀況，彈性變更計畫或行動。

〈思考傾向二〉過度理想主義

這種傾向強烈的人便屬於理想主義，對於任何工作都設定非常高的行為標準與完成標準。導致容易為了完成一件工作，而花費過多的時間，強烈抗拒輕易妥協或降低挑戰門檻。

〈思考傾向三〉恐懼被否定

這種傾向強烈的人，會過度在意他人的拒絕和評價，有時因為過分地察言觀色，以致舉步維艱，無法果決做出判斷。

完美主義的三種傾向

思考傾向 1

二擇一的判斷

因為思考傾向極端，認為不是滿分就是零分，過度恐懼失敗，一點點的失誤也會自我譴責。

對應項目
3、4、5、6、7、9、10、11、12、13、15、18、19、20、21、22、23、25、26、28、29

思考傾向 2

過度理想主義

容易描繪高標準的理想圖，對於過程也不輕易妥協，以致為了完成工作而花費過多時間。

對應項目
1、2、3、4、5、7、8、9、10、11、12、13、14、16、17、19、22、23、24、25、26、27、30、33

思考傾向 3

恐懼被否定

不想被討厭、不希望評價降低，在意他人眼光而無法採取行動，連微不足道的失誤也感到恐懼。

對應項目
3、4、6、7、8、10、15、16、18、19、25、26、31、32、33

第1章

有效率地在短時間內完成工作

01

完美主義者

認為努力是一種美德

高密度工作者

認為提出成果才是美德

當A還是新進員工時，就經常自誇他工作時間有多長，或是工作有多忙碌。超過深夜十二點下班是家常便飯，往往直到深夜還在寫提案報告。

一開始，上司也十分誇讚他努力的態度，不過，有一次在吃午飯途中，A以自誇的口氣說：「昨天也在公司待到半夜兩點，幾乎快做完了。」

想不到上司竟然如此對他說：「你是不是把在公司待得久當成工作？把加班當成習慣了？」

沒錯，因為A把「長時間工作」和「努力過程」當作是美德。

這種想法一直以來都存在。

我們會去計算花了多少時間努力準備考試，而且認為有效率地採取應試對策，因此取得高分的人是旁門左道。

但是，試著看看周圍那些有成就的人，他們很擅長把應該委派他人的工作交出去，白天專注處理重要的工作，晚上七點以後就充分享受個人時光。

▼「一分耕耘，一分收穫」其實是謊言？

槓桿效益顧問公司的董事長兼執行長本田直之，他獨立創業前是新創公司的實質經營者，據說在公司股票掛牌上市前的繁忙期，他仍然維持晚上七點左右結束工作，然後和人在外面用餐，努力保持短時間工作的習慣。

本田說：「就算待在公司也未必有成果，還是必須外出才行。」

不愧是槓桿效益專家，這是十分具有本田風格的想法。

擅於放鬆的高密度工作者，**思考的是不需要拚命也能做出成果的方式，這才是最出**

色的做法。

看到我這麼說，大家可能會誤以為我主張「享樂」或「偷懶」，其實我想強調的是，最佳的狀況是擁有不需要拚命努力，用最少努力獲得最大成果的創意與工夫。

過度努力的人很容易變得沒有效率。

這是因為他們把努力當作是一種美德，所以往往不會企圖尋找更有效率的新方法。

希望各位讀者削減把努力過程當作美德的想法，下定決心思考：不無謂浪費也能做出成果的方法，才是提升工作效率的開始。

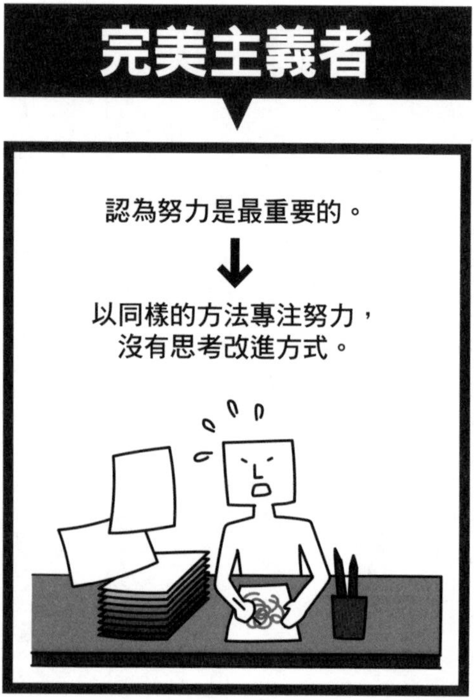
完美主義者
認為努力是最重要的。
以同樣的方法專注努力，
沒有思考改進方式。

高密度工作者

認為重要的是，
以最少的時間和精力得到最大成效。

↓

減少徒勞無功的努力，嘗試效率更佳的方法。

實踐

1. 思考以最短的時間得到成效的方法。
2. 和高密度工作者一起工作。

02

完美主義者
無止境地努力

高密度工作者
為努力設底限

「日本球隊練習過度。練習時間一星期只需要三次，一次兩小時！」

這是帶領「神戶製鋼」達成七連霸傳說的橄欖球好手平尾誠二，成為日本代表隊教練時最初的方針。他訂定這個方針的理由如下。

其他國家的強隊練習時間壓倒性地比日本球隊短，當日本球隊練習五、六個小時，國外球隊大約是兩小時。

然而，練習的密度全然不同。日本隊在六個小時中卯足全力練習，因此，每個小時發揮的專注力相對降低。

相反地，國外強隊的練習時間只有兩小時，所以一開始就以猛烈的動作來練習。橄欖球比賽是每半場四十分鐘，合計八十分鐘。因此，國外球隊的練習時間，與比賽時間較相近，能夠在這段時間內發揮高度專注力。

這麼一來，球員練習時就能產生和正式比賽相同的臨場感，自然會不遺餘力。平尾教練認為日本選手上場時，將專注力凝結在最高點的力道太弱，因而加以改革，縮短練習時間，相對地提高練習密度。

▼每單位時間的專注力會影響生產性

平尾教練的改革重點是「如何提高每單位時間的專注力」。

這種讓球員在比賽時的專注力提升到最高的做法，難道不能直接運用在我們的工作上嗎？

完美主義者雖然勤奮工作、全力以赴，但因為長時間工作導致有生產性低落的傾向。

相對地，高密度工作者就能在短時間內，專注集中精神完成工作。

每單位時間的專注力是高或低，所造就的生產性南轅北轍。甚至，差距在三倍以上的案例比比皆是。

有一家生產性極高的公司，名為「未來工業」。這家公司的獨特之處，在於內部禁止加班。早上八點半上班，下午五點四十分下班。

他們總是覺得，如果無法在這段時間內結束工作，就必須檢討原因及如何改善，以達到最佳成效，因此能夠不斷提高生產性。

設定工作時間限制，用心在時間內讓哪些工作完成到什麼程度的堅持，工作效率便會全然不同。

完美主義者
總之努力到
最後一刻吧！

高密度工作者

實踐

❶ 設定工作時間限制。

❷ 提高專注力的品質。

03

完美主義者 過度仔細而速度緩慢
高密度工作者 有草率處但速度較快

中谷彰宏先生出版過九百冊以上的商業勵志書籍，也是一位高效率專家。

舉例來說，開會時，與會人員一坐下就先從可有可無的閒聊開始，直到做出決議為止，浪費了冗長的時間。這種事別說發生在中谷先生身上了，他甚至連外套都沒脫下來，就開始進行會議，因為他打算會議一結束就外出。

中谷先生認為企劃書必須在十分鐘內寫出來。對你來說，可能覺得這根本不可能達成，其實，**企劃內容才是最重要的，而不是仔細地用電腦彙整資料**，所以他會當場手寫企劃書。

另外，經營顧問公司的神田昌典先生，曾在邀請中谷彰宏訪談時發生一件事。提出邀請後當天，超級忙人中谷彰宏就傳真一封親手寫的謝函給他。據說其中還寫著「從很久以前就一直期盼與您見面」等洋溢感謝之情的言語。

看了這封傳真後，神田昌典十分感動。因為他怎麼也沒想到，如此忙碌的中谷彰宏竟然會在當天親手寫謝函給他。

▼速度的快慢會使期待值改變

上述這件事的重點是速度。據神田昌典表示，謝函的字跡並非十分工整漂亮，但對方如此迅速地傳來謝函，令他感到很高興。

光是速度快，就能讓人獲得滿足；相反地，花費時間愈長，對方愈會期待高品質。

完美主義者總是想要仔細地提出完美的成品。這並不是件壞事，但是多數情況下，能夠迅速回應是件令人喜悅的事。

如同中谷彰宏那樣，當場提出企劃書、十分鐘結束會議或傳真發出謝函等，雖然每項作業花費的時間都很短又簡略，但光是「速度」就能帶給對方極大的滿足感。

比方說，如果在公司製作會議紀錄時速度很快，就算文章內容有點不順，閱讀者的印象也不至於變得太差。

因為速度快，所以與會人員都能在記憶猶新時確認一次。

但是，經過一星期才提出會議紀錄的話，可能就有人因此不滿，引發「速度真慢」、「下次要快一點」等怨言。

即使是相同的內容，處理速度的快或慢，引發的評價截然不同。

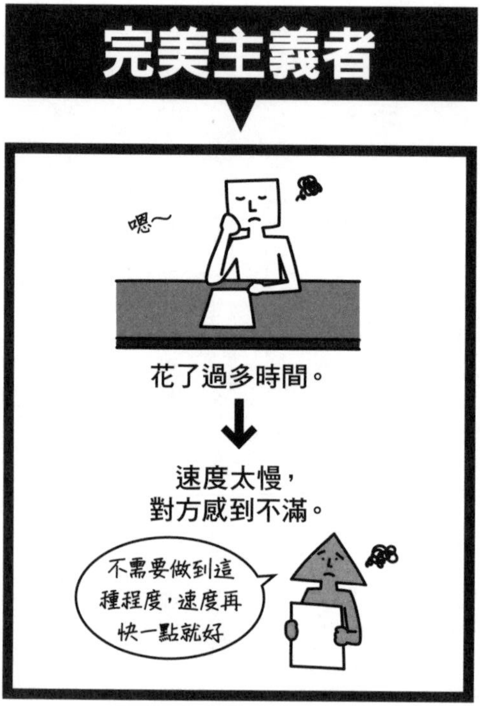
完美主義者
嗯～
花了過多時間。
速度太慢，
對方感到不滿。
不需要做到這種程度，速度再快一點就好

高密度工作者

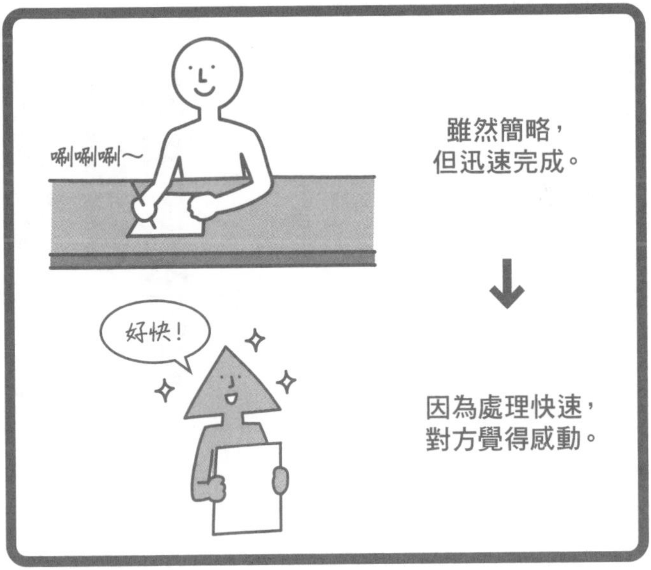
唰唰唰～
雖然簡略，
但迅速完成。
↓
好快！
因為處理快速，
對方覺得感動。

實踐

① 不拘形式，盡心地迅速提交。

② 從風險低的事項開始著手進行。

04

完美主義者 討厭時間壓力
高密度工作者 善用極限潛能

「工作量會自動膨脹，占滿一個人所有可用的時間。」

這是一九五八年英國歷史學家與政治學者——西里爾．諾斯古德．帕金森，在其著作《帕金森定律》中提出的法則。

這個理論說明，當進行某項工作時，如果給予對方多餘的時間，人們常常就會把工作占滿整個可用時間，在不自覺的情況下調整工作速度，以致生產性低的事情過多。

這項帕金森定律原是針對公家機構效率太差所做的研究，不過就時間效率來思考，其內容的確能夠突破問題本質，值得深思。

反過來說，**如果能發揮「邊界效果」，把時間壓縮到極限，就會設法在時間限制內完成工作。**

能夠壓倒性地提高生產性的原因，正是「邊界效果」。

▼善用邊界效果提高專注力與思考力

完美主義者因為希望執行理想的過程，所以偏好有充裕的時間，勝過在燃眉之急的情況下工作。當然，時間充裕的好處，是能夠因應預料之外的狀況發生。

如果以此為前提，我反而建議完美主義者，應當善用邊界效果處理重要性低的工作。

在工作上善用「邊界效果」，有以下幾項優點。

- 能迅速提升專注力。
- 會設法思考如何避免多餘的作業。

當時間受限，無法採行理想的工作順序時，只好重新規劃最有效率的方式。這時候，就能逼迫自己重新審視工作方法，也會因此鍛鍊自己的判斷力，更加懂得區分一項作業究竟是必要或可有可無。

我總是刻意把行程表排得毫無空隙。這麼一來，當期限逼近之際，如果沿用原本的方法，已經無法遵守期限，就不得不費心重新思考做法。

完美主義者
因為到截止期限前有充分的時間，反而拖拖拉拉地進行工作。
總之把所有文件都確認一遍吧！

藉由這樣的方式，把自己逼到迫在眉睫的程度，就能在有限時間內，以最高效率完成多項業務。

高密度工作者

發揮「邊界效果」，
提高每一時間單位的生產性。

實踐

❶ 故意將截止期限提早。

❷ 到了迫在眉睫，才沉著地開始計畫。

05

完美主義者 見樹不見林的工作習慣

高密度工作者 全盤思考的工作習慣

只顧眼前的事情，有時反而會導致我們失敗。

比方說，完全按照收到委託的順序進行工作。如果一看到工作委託的電子郵件，就馬上去執行，例如上司希望你製作報表，你就馬上完成。

像這樣漫無計畫地被眼前的工作要得團團轉，根本談不上效率。而且，當你回顧一整天的工作時，將會發現最重要的工作反而沒處理，以致「繞了一大圈遠路」或是「做了一堆徒勞無功的事」。

高密度工作者的做法，是確實擬訂一星期或一整天的計畫，然後專注於眼前的工作。

能夠擬訂階段性的計畫，才能保有見樹又見林的視野。

舉例來說，針對眼前的工作思考整體狀況，再決定「應該立刻著手嗎？」或「照目前的先後順序行得通嗎？」另外，接到工作委託時，也要好好確認緊急程度，視情況來交涉，決定合理的期限。

同時，這份計畫能幫你因應狀況，有彈性並自動自發地設定優先順序。

▼工作時要能看見整片樹林

完美主義者容易過度聚焦在瑣碎的事情上，以致無法看清全貌。

結果不是錯失真正重要的事情，就是工作狀況已經轉變，自己卻持續進行不必要的工作。

因此，起點就在於，要看得見整片樹林。

只要站在俯瞰的角度，就能清楚看見事物的重要程度，也能看見發生的變化。

工作時，必須隨著狀況調整應對方法；受上司委託和實際執行的時間點，很有可能已發生變化，所以，必須一邊工作、一邊觀察進展。**重要的是，以客觀角度注意自己是否過度專注於眼前的工作。**

如果你的直屬主管是課長，不妨就從部長的角度來審視自己的工作。從兩個級距以上的主管角度來看，往往更容易看清楚工作的全貌，更容易判斷「什麼才是重要的事」和「有沒有風險」等。

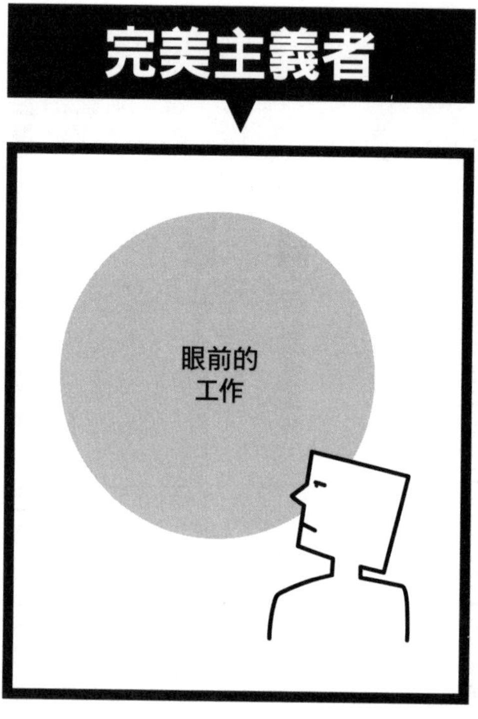

另外，請想像一下如果自己擔任主管一職又會如何，可以試著自問：「委託部下這件工作的用意是什麼？」藉此來思考自己的做法是否正確。

高密度工作者

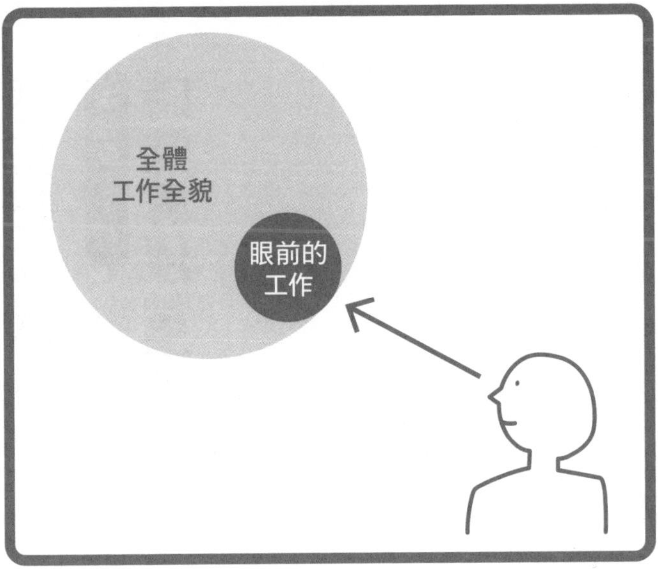

實踐

1. 從兩個級距以上的主管角度來思考工作。
2. 想像自己身為主管，藉此反思。

06

完美主義者 經常杞人憂天
高密度工作者 時時專注當下

在進行某項作業時，你會不會突然想起其他令你分心的事，以致停下手上的工作，轉而著手進行那件事，使得工作毫無效率可言？

完美主義者往往有杞人憂天的傾向，擔心這個、煩惱那個，常常有自己「是不是忘了什麼」或者「沒問題吧」等擔憂。

我以前也是這樣。

即使製作報表，往往也會中途停下來，轉而回覆電子郵件，或是回覆沒接到的電話。

像這種「多工處理」（multi-tasking）的工作方式，只要每次切換事項，腦袋就必須跟著切換模式。

這麼一來，注意力容易變得散漫而疲憊不堪，留下一堆進行到一半的工作。

相反地，**高密度工作者則傾向「單工處理」（single-tasking），專注於單項的工作。**

當他們開始著手處理一項工作後，萬一有其他工作插入，便會立即拒絕對方，講明：「現在分不開身，事後再處理。」如果是緊急事項，也會馬上告訴對方「下午再回覆」，讓自己專注在應當優先處理的事項上。

因為專注在單一事項，直到做完為止，都不會浪費時間一再切換工作模式，能夠確實完成工作。

▼效率良好的單工處理模式

當我們每次轉換工作模式，不論心情或進入狀態都需要時間，勢必會消耗精力。同時，工作上軌道也需要時間，如此下來，效率當然不佳。

為了追求效率，重點是保持單工處理模式，專注於一件工作上。

完美主義者

以多工處理模式進行工作，
注意力容易分散。
得先約好碰面時間。
資料會不會不完整？
要回信才行。
散漫……
還要處理客戶的問題。

完美主義者時常懷著擔心工作無法完成的焦慮。他們的腦子裡總是想著這類問題：「A項工作來得及嗎？」「B項工作真的能順利通過審核嗎？」因此，莫名感到焦慮，對無法預測的事情深藏恐懼，擔心萬一問題如預期般發生時該怎麼辦。

在此建議所有工作者，如果在進行重要的工作，腦袋浮現其他擔憂事項，此時不妨先寫在紙條上，然後擱在一旁。若是連「需要做什麼」、「什麼時候開始動手做」也寫下來，就能更加安心，然後便可暫時擱置。

高密度工作者

以單工處理模式專注在工作上，
所以效率不會下降。
專心
回覆
電子郵件

實踐

1. 減少憂慮等情緒干擾。
2. 提高自己對單一事項的專注力。

07

完美主義者

瑣事也全力以赴

高密度工作者

瑣事要能省則省

在組織機構中，一旦位居必須承擔重責的要職時，工作也會相對增加。想要有效率地完成工作，就得在瑣事和重要工作之間確實劃清界限。

但是，完美主義者往往連面對瑣事，都無法巧妙地鬆懈精神。

當然，鬆懈精神並不是指敷衍了事，問題在於時間及精力的分配方式。

完美主義者回覆電子郵件時，往往不分公司內外，一律慎重其事，過度反覆地檢查報告上的錯漏字，不自覺就以避免失誤為目標。

相反地，**高密度工作者則設法以最省力的方式完成瑣事，盡可能減少浪費時間。**

舉個例子說明，這是在銀行工作的友人告訴我的事情。

雖然銀行的行政工作常處理一些繁瑣手續，但是多半一發生失誤，就會釀成重大問題，導致行員格外緊張，經常感受到壓力。

然而，在那家銀行裡卻有一位絕對不出錯，並且能減少浪費精力來處理行政業務的優秀行員。

請教那位行員的工作訣竅時，他說出以下祕訣。

「基本上，會出錯的部分都差不多，一弄錯就會很慘的部分也都是固定項目，所以我會把重點放在這些地方。

同時，我也會參考過去比較好的執行案例，然後只針對個別性較高的部分進行修正。這麼一來，要核對的部分減少，當然就輕鬆多了。」

節省精力來完成工作，絕對不是要我們容許失誤，關鍵在於判斷出著力點及能省力的部分，不是嗎？

▼每次都花費相同的勞力等於「不用心」

想減少在瑣事上浪費時間，不可欠缺的就是提升速度，以及思考最佳做法。

首先，試著以五十分鐘完成原本花一小時才能做完的工作。然後，冷靜下來思考節省精力卻有效完成的方法。

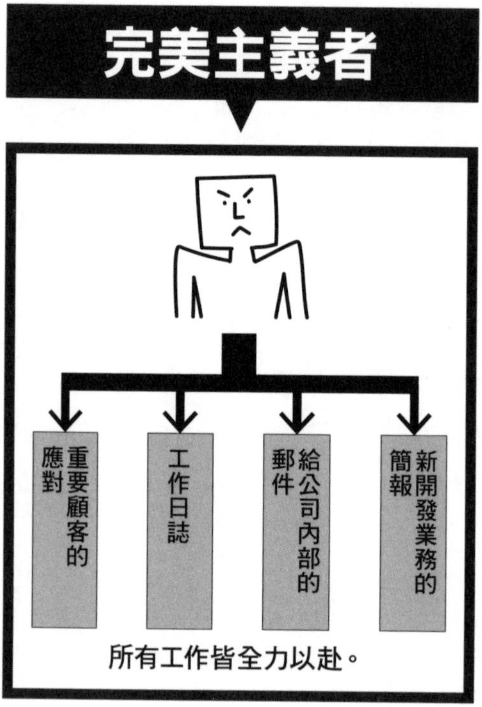
完美主義者
新開發業務的簡報
給公司內部的郵件
工作日誌
重要顧客的應對
所有工作皆全力以赴。

如果同樣一件瑣事，反覆採用相同方法，以相同效率完成，那麼便無法擠出時間，使用在其他重要工作上。

高密度工作者

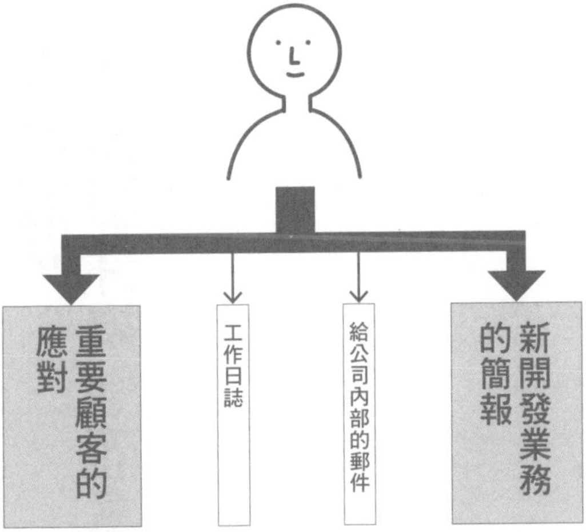

除了重要工作以外，都要節省精力。

實踐

1. 思考是否能節省精力完成例行工作。
2. 從同事或書籍中，蒐集有效處理瑣事的智慧。

08

完美主義者
時常因為郵件而分心

高密度工作者
活用郵件規則而專注

A總是一開電腦就馬上收信，外出時也是一有空閒就確認手機的訊息，立即回信。因此，他一天幾乎要處理兩百五十封信件，回覆一百封郵件。因為處理郵件、查詢資料及回信耗費許多時間，以致A經常加班而疲憊不堪。

B則從未被郵件的洪水吞沒過。**重點在於，他限制自己在早上九點、下午一點及傍晚五點處理郵件。**

檢視B回覆的郵件，不但沒有冗言贅字、文章簡明扼要，而且只要電話能比郵件處理得快，就選擇打電話解決。

因此，即使處理相同的業務，B收到的郵件大約一天為一百五十封，回覆郵件約六十封。他收到的郵件遠比A少得多。

而且，B每天平均比A早兩個鐘頭下班。

▼避免被電子郵件綁架

完美主義者不論郵件、電話或業務委託等事項，都企圖處理得盡善盡美。

高密度工作者則把時間用於完成最重要的工作上。

他們設法擠出更多時間，並不是為了花在回覆信件上，而是有效利用，例如實際與對方碰面或思考新提案等。

歸納容易受到電子郵件擺布的人，大抵有以下三個特徵。

①不確認信箱就極度焦慮，因此三不五時就會確認。

②以電話或直接交談就能立刻講完的內容，卻一再用電子郵件確認，導致必須不斷

往返。

③每封電子郵件的內容都慎重其事，耗費在郵件上的時間過長。

基於以上三個原因，完美主義者花在郵件上的時間不斷膨脹，以致壓縮到其他工作的時間。

電子郵件是現代人工作的必備工具。但是，任其擺布或是巧妙運用，將會大大影響你的工作效率。

如果你也有時時確認郵件的習慣，建議最好減少頻率，改為「一小時一次」或「一天最多三次」，較為恰當。

完美主義者

時時確認電子郵件，
每封信必定慎重回覆。
受電子郵件擺布，
工作時間被壓縮。
總覺得我一直在處理郵件。
咔噠咔噠～

高密度工作者

決定確認電子郵件的規則，
善用電話及面對面溝通。

↓

縮短回覆郵件的時間。

實踐

1. 為自己設定檢視電子郵件的規則。
2. 盡可能善用電話及面對面溝通。

09

完美主義者 傾向集中處理
高密度工作者 善用零碎時間

假設你的待辦清單上，列出以下項目（設定的前提條件是，九點到下午五點之間，必須拜訪三家公司）。

- 致電客戶A公司，調整拜訪時間。
- 向主管報告商談結果。
- 完成工作日誌。

- 製作給B公司的提案計畫。
- 回覆電子郵件（二十封）。

如果是你，會先處理哪一項工作呢？

以上這些工作項目中，可以利用零碎時間完成的事，看起來是打電話和回信。

完美主義者面對需要思考的工作，都希望能專心投入，在辦公室裡集中處理。

相反地，即使是零碎時間，高密度工作者也會盡可能完成更多事項。

比方說，向主管報告這件事，可以先發郵件，通知主管商談結果，並說明「細節等回公司再報告」，就能縮短報告時間。工作日誌則可在結束拜訪後記錄，回公司再進行最後確認。給B公司的提案計畫，可以採用下列方式處理：

- 思考提案所要傳達的訊息（在電車上思考）。
- 手寫計畫內容（拜訪客戶時，在咖啡廳等待的二十分鐘空檔專心思考）。

假設能夠著手到這個階段，回到公司後，只需把提案計畫以PowerPoint完成即可。

很少加班、工作效率佳的人，就是因為他們擅長運用零碎時間。

尤其外出機會多的工作更是如此，而這些差異將會大大影響你的加班時數。

▼零碎時間其實比想像中更多

我擔任企業顧問時觀察到，業務人員在交通與等待的零碎時間，合計下來平均約三個鐘頭。

當然，這三個小時有可能是長達半小時的空檔、電車移動的十分鐘、五分鐘的走路時間，或者以汽車移動時的二十分鐘等情況。

正因如此，與待在辦公室不同，更需要費心思考如何妥善利用。

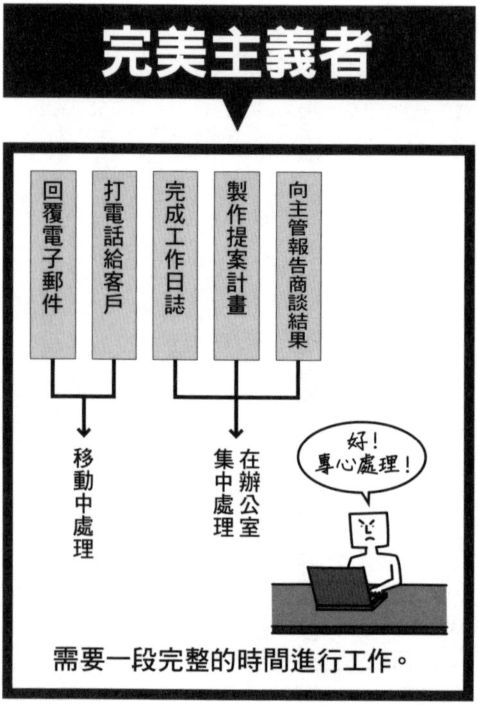
完美主義者
向主管報告商談結果
製作提案計畫
完成工作日誌
打電話給客戶
回覆電子郵件
在辦公室集中處理
移動中處理
好！專心處理！
需要一段完整的時間進行工作。

高密度工作者

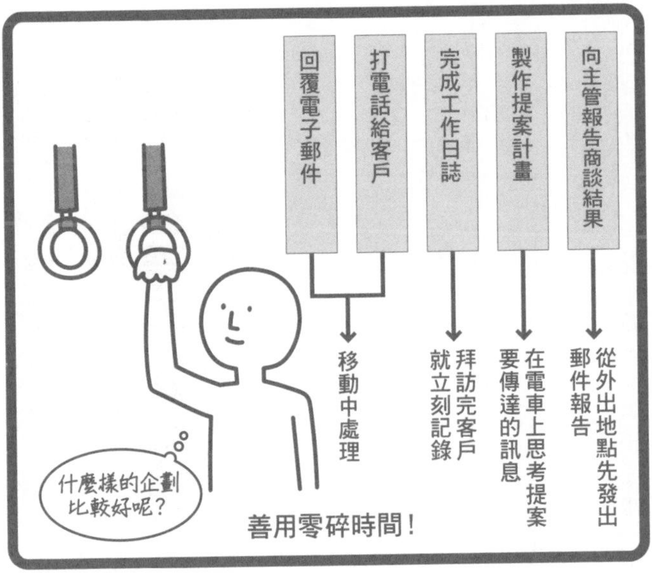
向主管報告商談結果
從外出地點先發出郵件報告
製作提案計畫
在電車上思考提案要傳達的訊息
完成工作日誌
拜訪完客戶就立刻記錄
打電話給客戶
回覆電子郵件
移動中處理
什麼樣的企劃比較好呢？
善用零碎時間！

實踐

1. 弄清楚究竟有多少零碎時間。
2. 在等待、電車移動等空檔時間，安排適合的工作項目。

10

完美主義者　動手緩慢而習慣拖延

高密度工作者　從小處著手立刻執行

人們對於不擅長或覺得沉重等工作，容易因為不想處理而一直往後延。原因是當工作對心理造成較大的負擔時，人們便盡可能地想避免。

完美主義者一開始就會把事情想像得很完美，卻因為不擅長而感到沉重，以致工作不斷延後。

比方說，製作報告時，完美主義者會先想像報告完成的狀態，接著想到自己不擅長寫文章、要檢查錯漏字或被上司打槍等麻煩的狀況，幹勁就會頓時下降。

相反地，高密度工作者傾向「只要慢慢累積，最後能完成就好」的思考習慣，所以會先從跨出最初一小步開始，就能夠立即動手。

以上述例子來說，高密度工作者剛開始會專注於報告的版面編排。先從小事開始，壓力自然就少，能夠一步步往下個階段進行，然後就能在不知不覺間完成。

如果工作停滯不前，難免覺得心情沉重，隨著截止期限逼近，壓力就會跟著變大。

▼把工作項目細分，就算只有五分鐘也要立刻去做

為了養成立刻執行的習慣，關鍵在於如何減輕自己的心理負擔。利用「向下歸類」（chunk down）和「嬰兒學步」（baby steps）的技巧會很有幫助。

所謂「向下歸類」，是指把行動切割成更小的步驟。例如，試著把「寫報告」切成小塊，便會產生以下步驟：

①從過去的報告找出範例。

②條列項目寫成草案。

③ 徵詢前輩的意見。
④ 正式書寫內容。
⑤ 拜託行政人員檢查錯漏字。
⑥ 最後確認。

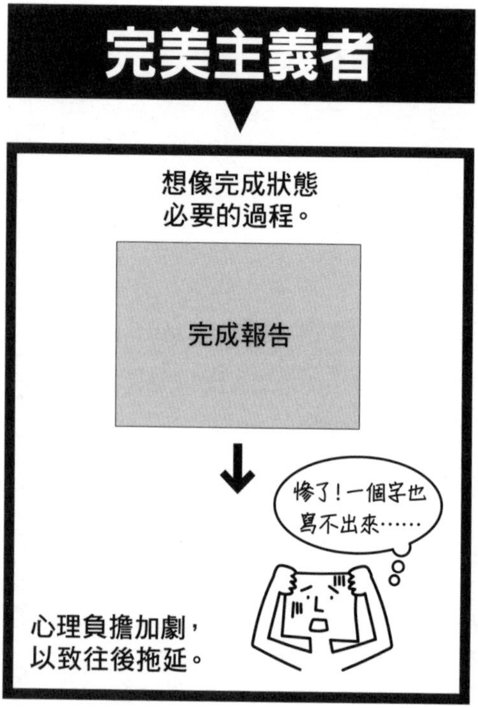
完美主義者
想像完成狀態
必要的過程。
完成報告
慘了！一個字也
寫不出來……
心理負擔加劇，
以致往後拖延。

像這樣把整個行動切割成小步驟，就能從龐大的工作壓力中解放，更容易著手進行。

其次是「嬰兒學步」，這是指降低難度，行動時只需要跨出小小的一步，就像「嬰兒學走路般前進」。例如，從過去的報告找出範例，或者一開始只做五分鐘等方式。

高密度工作者

先把工作切割成小塊，從小小的一步著手。

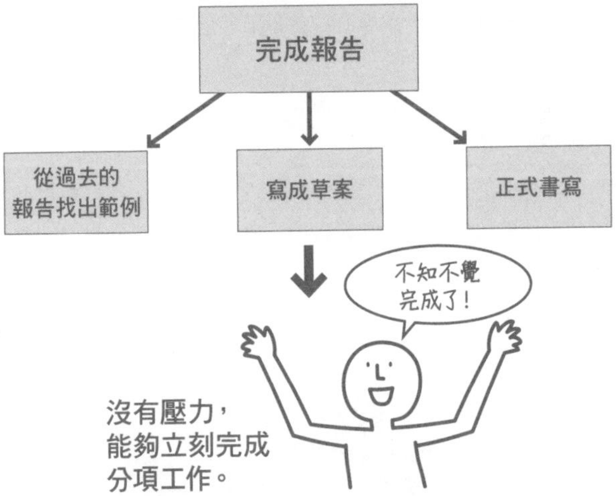
完成報告
從過去的
報告找出範例
寫成草案
正式書寫
不知不覺
完成了！
沒有壓力，
能夠立刻完成
分項工作。

實踐

1. 把工作切成小塊。
2. 如同嬰兒學步般慢慢進行工作。

COLUMN 1

項目

05

的重點

（第四十四頁）

只顧眼前的人要小心！

從下方插圖就能了解，只專心看著眼前的事情，結果就會招來危險的狀況。

如果沒有掌握工作的全貌，也很容易導致最後趕不上重要期限等，造成無法挽回的後果。

委託工作給你的人，並不明白你的所有工作現況，所以自己必須建立一星期或一天的工作計畫，當對方委託急迫的工作時，就必須與他協調優先順序和截止期限。

只顧追逐眼前的小魚……

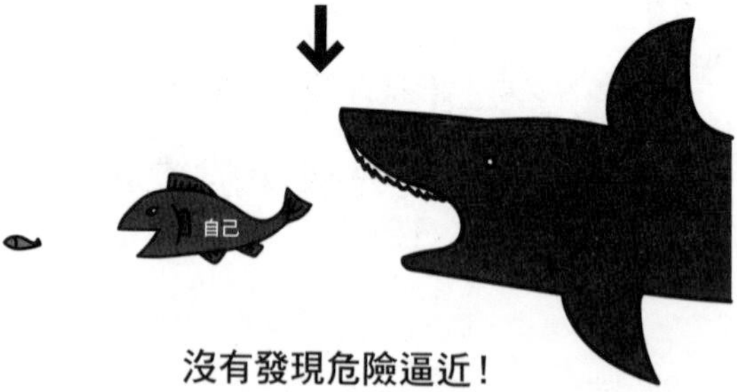

沒有發現危險逼近！

第 2 章

發揮高效準備力，來提高成果

11

完美主義者 任何事都不允許妥協
高密度工作者 策略性妥協以求最佳成果

設想一下，當你面對以下狀況時，會如何判斷及應對呢？

現在是下午三點，晚上七點已經約好要請客戶吃飯。這次的接待，對於今後的生意往來非常重要。考量到交通時間，最慢下午六點以前必須從公司出發。

此時，你正在製作主管交辦的經營會議資料，今天下午六點以前一定要交出去。如果按照預定計畫，接下來的三個鐘頭裡，包括蒐集資料、製成表格、寫文字說明和最後確認，應該可以完成。

這時候，突然有客戶來抱怨「商品沒送到」，你必須向工廠重新確認調貨等事宜，而且需要花費兩個鐘頭。

完美主義者企圖讓所有工作都完美無缺，所以會陷入混亂。

相反地，高密度工作者則會設法用下列方式處理。

首先，是思考用三個小時完成五個小時工作的方法。**光靠自己一個人執行有困難，所以必須藉用他人的力量。**

這時，向主管說明原委，調借兩名同事協助製作經營會議資料，然後自己花一個鐘頭完成資料架構，把蒐集資料及PowerPoint製作委託同事處理。A同事負責蒐集資料、B同事負責PowerPoint製作，因為兩人是同時進行分工作業，所以一個鐘頭就能完成這份資料。

這段時間自己就可以處理商品出貨的問題，最後檢查經營會議資料後，提交給主管。

這麼一來，便能順利在下午六點離開公司，準時赴約接待客戶。

重要的是，**克制住原本想照預定計畫、獨自完成的心情，因為必須妥協才能完成所**

有工作。

▼關鍵是要學會策略性妥協

高密度工作者為了在有限時間內，滿足對方最大期望，所以設法有效率地運用時間、人力和精力。因此，他們能夠割捨、放棄、降低門檻，以及彈性地改變原定計畫。

保有這種尋求最佳成效的心態，來變更預定事項，那麼就不算是妥協，而是策略性地調整自己的工作。

完美主義者
發生麻煩時……
任何事都想一手包辦的結果，
就是每件事都成了半調子。

高密度工作者

發生麻煩時……

↓

決定要妥協的重點，
借用他人力量，彈性處理工作。

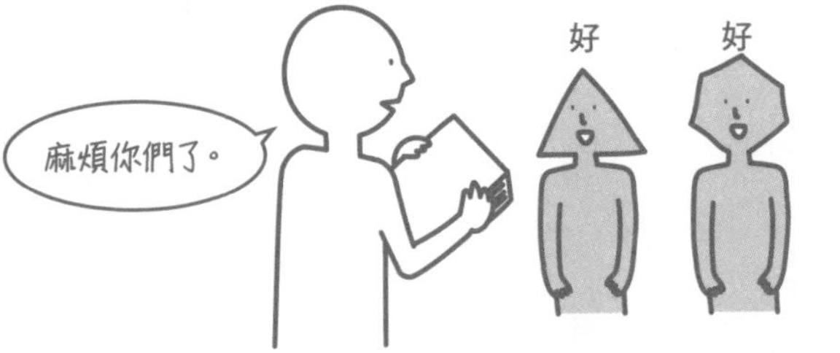

實踐

1. 因應狀況，找出該妥協的重點。
2. 思考該如何在有限時間內，滿足對方的最大期望。

12

完美主義者 試圖一網打盡
高密度工作者 掌握關鍵部分

國、高中時期，不是固定都有期中考和期末考嗎？當時你準備考試的方式，接近以下哪一種呢？

- 把考試範圍的內容，從第一個字複習到最後一個字。
- 集中複習出題可能性高的內容。

抱持完美主義的我，正屬於前者。

「因為不知道會出什麼題目」、「總之要全讀過一遍才行」，因為擔心、害怕遺漏、把努力當美德，以及恐懼割捨，導致考試前試圖滴水不漏地讀完所有範圍。總之，不全力以赴地把書讀完，就覺得不放心。

但是，後者的做法才能發揮效率，而且能巧妙地讓精神放鬆。既然目的是取得高分，就要判斷哪個部分出題可能性高，決定優先順位來準備考試。

這裡是以準備考試為例，所以先不談就中長期培養學力的意義來看是否正確。**以工作或人生來說，企圖將想做和應做的事一網打盡，結果就會變得全部都像蜻蜓點水似的，很難在有限時間內達到最大成果。**

▼重要的是，專注於影響力大的工作上

你是否聽過柏拉圖法則？這個法則指的是，百分之八十的結果，是由百分之二十的原因所形成。依據我觀察過的許多營業組織來說，「百分之二十的高貢獻客戶，會帶來百分之八十的營業額」，而多數業界也都吻合這個法則。

但是，完美主義者會認為「百分之二十的客戶雖然重要，其他客戶也同樣重要。」所以，他們對所有客戶都採取相同心力。結果，一天到晚忙著小額業績的工作，以致疲於奔命。

相反地，高密度工作者則是盡力與高貢獻客戶接觸。此外，他們會將時間投注在開發那百分之二十的高貢獻客戶，並於有限時間內得到大量訂單。

完美主義者
一視同仁地對所有工作全力以赴。
約訪 10 件
9:00～
10:00～
11:00～
12:00～
13:00～
14:00～
15:00～
16:00～
17:00～
18:00～
連吃午飯的時間都沒了，看樣子今天只好加班……

這絕對不是要你忽視百分之八十的客戶，只不過，如果業務經營不區隔出輕重，就會導致大筆交易溜走，無法提升成果。在影響力大的工作上投入較多心血，不僅是營業工作，而是與一切工作的效率化都有關聯。

高密度工作者

專注於對營業額或業績有重要貢獻的工作。

約訪 2 件

10:00 ～　　14:00 ～

前後各花一個小時準備，
再來應對吧！
結束後寄出表達謝意的郵件，
然後處理其他工作，
剛好能準時下班。

實踐

❶ 判斷百分之二十的重要關鍵。

❷ 其他事情則要有在某種程度上放手的決心。

13

完美主義者 重視工作過程
高密度工作者 重視工作目的

我剛被分發到業務部門時，前輩指導我一些招待客戶的注意事項，包括客戶的啤酒沒了就要立刻幫忙倒、菜吃完了要立刻撤下盤子等細節。

於是，我遵照前輩教導的方式，招待客戶時總是無微不至。

有一次，因為招待的是重要廠商的高級主管，所以部長也一起作陪。

我一如往常處處留神，客戶的杯子空了，就馬上為他斟酒，不斷招呼道：

「接下來要點什麼菜？」

「有什麼想嚐嚐嗎？」

我對客戶體貼用心，自以為招待得很成功，但是宴席結束後，部長帶我去小酌時，卻對我說：「你是不是把招待客戶誤認為必須處處顧慮？」

部長接著說：「招待客戶的目的，是讓對方開心。像你這樣過度謹慎，也會讓對方放不開而全身不自在。換做是你，會有什麼感受呢？」

因為我拘泥於過程及手段，反而忽略了接待的本質是取悅客戶。

▼過程主義將導致視野狹窄

看完我的經驗分享，即使情況不見得相同，但你是否也聯想到，自己曾經有過類似上述忽略事物本質的經驗呢？

尤其是完美主義者，大多屬於必須將過程執行得盡善盡美才會滿意的人，所以時時停下來回顧，認為吻合原本的目的極為重要。

如果把焦點放在過程是否完美，便會導致目的變成要正確地達成執行順序。

另外，一旦熱衷於過程，容易導致視野變得狹窄，結果就會像我這樣，看不清原本的目的或本質。

高密度工作者習慣將「目的」作為核心來思考，如此一來，就可以將目光聚焦在必要的事項上。

此外，還要能明確地以言語回答出目的，這點非常重要。

所以，不妨養成習慣，時常自問：「對方現在想要的是什麼？」「對方得到什麼樣的資訊會開心呢？」這些問題。

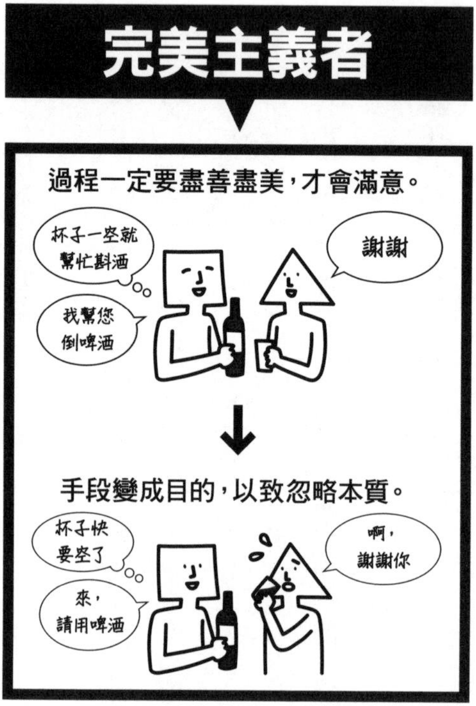
完美主義者
過程一定要盡善盡美，才會滿意。
杯子一空就幫忙斟酒
我幫您倒啤酒
謝謝
手段變成目的，以致忽略本質。
杯子快要空了
來，請用啤酒
啊，謝謝你

高密度工作者

時常提醒自己「目的是什麼」。

↓

不拘泥於過程，能夠採取最佳手段。

實踐

❶ 充分思考目的與本質。

❷ 站在對方的立場想像。

14

完美主義者 從自己的堅持著手

高密度工作者 從對方的需求著手

某家電機製造商舉辦了簡報研修課程，研修學員是二十名主任，他們想培養「晉升課長所需的簡報能力」。

我請他們事先製作十分鐘的簡報資料，看了這些資料後，我發現多數人的資料開頭不外乎是「所屬部門介紹」、「自我介紹（優點、缺點）」，而且結語幾乎都是「我的課題」、「半年期間的活動」、「對公司的建言」等。換句話說，就是晉升課長所需的簡報資料。

為什麼他們的資料會呈現這些內容呢？

那是因為他們多半抱著目的，一心想著「如何自我宣傳」與「該表達些什麼」，而製作出這份簡報。

於是我問了他們以下問題：

「出席會議、聆聽這個簡報的人，目的是什麼？」

結果，所有人都陷入思考，有人回答：「為了判斷是否能讓報告人晉升課長，對吧？」

是的，這就是正確答案。聆聽對象想聽的，是判斷報告人是否應該晉升課長的資訊及內容。

如果從這個出發點來思考，必要的簡報內容應該是「達成目標的能力」、「解決問題的能力」和「管理部下的能力」等項目。

理解對方的需求，重新思考後，全體研修學員的簡報頓時魅力大增。

▼請先把自我堅持擱在一旁

以前述例子來看，如果研修學員照著自己原本堅持的內容進行簡報，想必晉升課長的比率會大幅下降吧？

問題就是，在許多案例中，人們因為受限於自我堅持，反而疏忽了重要的聆聽者需求。而且，一旦決定架構後，即使周遭的人提出建議，也堅持採用自己的腳本，不願意更動。

正因如此，我才會認為**先把自我堅持擱到一旁，從對方的需求開始思考的習慣相當重要**。

完美主義者
必須自我宣傳才行，拚命傳達自己的理念和熱情吧！
因為重視自我堅持，以致和對方的需求脫節。

如果不是以對方的需求為起點，那麼，無論花多少時間或做了多少努力，都可能落得隔靴搔癢，無法發揮效果。反過來說，明確掌握需求的人，才能有效完成工作。

高密度工作者

這次簡報目的
是決定晉升與否。
那麼，就該突顯達成目標
和解決問題的能力。

因為考量對方需求來形成架構，
所以能夠如預期般達到成果。

實踐

1. 思考對方真正想要的是什麼。
2. 從需求來逆推思考。

15

完美主義者 依照慣例努力

高密度工作者 採用獨創方法

以下例子是過去我擔任個人顧問時，發生在住宅設計公司的業務員A身上。

A是一位腳踏實地、個性認真的業務員。早上七點上班，晚上也總是工作到很晚，兢兢業業地工作著。

他和客戶接觸的手法，是先與參觀展示場的人交談，取得約訪機會後，進一步拓展業務活動。但是，過了將近一年的時間，一直無法順利成交，忙得焦頭爛額還是徒勞無功，導致他懷疑自己是否能力不足，信心全失。

因為這樣，我出了一個作業給他——

「請你去訪問公司內部業績前三名的人。」

結果，受訪者的共同點是「得到他人的介紹」。

其中一位頂尖業務員是和不動產公司合作，由他們介紹客戶給自己。

光是這個做法，就能得到遠超過一年的業績目標。

順帶一提，到展示場參觀的客戶，成交率約為百分之二，而不動產公司介紹的客戶，成交率則是百分之二十五。

計算下來，前者大約五十人中有一人成交；而後者透過介紹而交涉的業務，則是四人中有一人成交。

雖然個人業務技巧優劣也有影響，但是，最根本的差異，仍在於A只是重複進行成交率低的業務活動。

後來，A改以透過介紹來進行業務拓展為中心，成交率果然壓倒性地提高了不少。

▼丟掉你的慣例主義思考

完美主義者常如同A一般，傾向安心、安全的慣例主義。

另一方面，上述案例中的頂尖業務員，則不會把目標放在沒有信賴關係，以及購買意願不確定的市場，而是鎖定和介紹對象之間有信賴關係，並且購買意願強烈的客戶，強化自己與不動產公司之間的合作。

別一味地遵循慣例，或是採用與大家相同的做法，而是要思考如何達到成果的創新做法，才能提高工作成效。

完美主義者
拚命完成既定的做法。
按照以往的方式，才不會出錯。
遵循慣例
拚命努力並未帶來相對的結果。
我明明很努力，為什麼……

高密度工作者

時常思考有沒有更好的方法。

如果要更
有成效的話……

打破慣例

以獨創的做法，壓倒性地提高成果。

太好了！

實踐

1. 訪問公司裡工作成果最好的人。
2. 徹底地重新檢視做法，並思考創新方法。

16

完美主義者 試圖克服弱點

高密度工作者 擅長發揮優點

以下先來介紹R・H・里夫斯博士的作品《動物學校》。

很久很久以前，為了解決新世界面臨的各種社會問題，動物們決定成立一所學校。然後，為了讓學校順利營運，動物們有四項必修科目，包括賽跑、爬樹、游泳、飛行。

鴨子在游泳課的成績很優秀，飛行的成績也還不錯，但是牠不擅長跑步。為了加強跑步能力，鴨子便在下課後留下來，並減少游泳課的時間，好用來練習跑步。過了一陣子，鴨子的划水練習次數減少，游泳成績變得普通。但是，學校認為能保持中等水平的成績比較重要，所以除了鴨子自己，其他動物並不在意這件事。

兔子原本在賽跑項目上屬於優等，但是因為牠不會游泳，所以放學後也被迫留下來練習游泳，讓兔子變得神經衰弱。

松鼠本來最擅長爬樹，但是在上飛行課時，老師強制牠不可以從樹上滑行下來，而是必須從地面飛上去，使松鼠倍感壓力。最後在疲勞困憊之際，松鼠肌肉拉傷，不但爬樹成績只得到C，跑步成績更是下滑到D。

▼修正缺點永無止境

完美主義者總是將目光放在負面的地方，在意自己的缺點。

以學校的成績來說，他們很容易產生想要提升兩、三個科目成績的想法。某種程度上來說，改善缺點、克服弱點，在團體社會確實有必要。

但是，如果一味地追求均衡發展，對於提升成果就會產生界限。

證據就是，**高密度工作者多數都是能夠發揮個人優點及強項的人。**

例如，以業務員來說，擅長與他人相處者，便會努力和客戶維持聯繫，懂得如何經營彼此之間的交流關係。

行動力強的人，懂得採取與準客戶見面的策略，把行動力當作武器。

擅長籌畫細緻策略的人，就會徹底思考提高成交率的方法，不讓採取的行動變成徒勞無功。

高密度工作者了解自身強項，並懂得採取適當策略，所以能夠在工作上取得壓倒性的成果。

由此可見，正確答案不會只有一個，努力發揮自己的優勢吧。

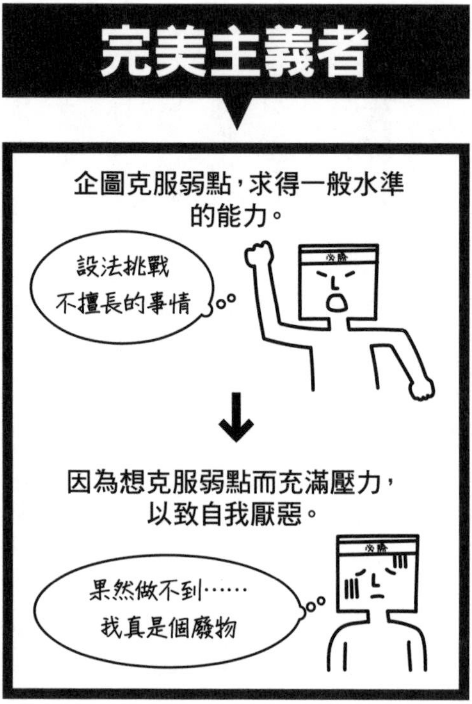
完美主義者
企圖克服弱點，求得一般水準的能力。
設法挑戰不擅長的事情
必勝
因為想克服弱點而充滿壓力，以致自我厭惡。
果然做不到……我真是個廢物
必勝

高密度工作者

徹底發揮長處。

用我最擅長的
方法做做看。
很快就完成
工作了。

發揮所長，
愉快地達到
預期成果。

實踐

1. 發現自己的強項。
2. 思考能發揮優點的成長策略。

17

完美主義者
執著過往的做法

高密度工作者
勇於嘗試新方法

德國SAP公司是繼微軟和美商甲骨文公司後，成為全球排名第三大的電腦軟體公司。這家公司在世界各地共計有七萬名員工，其中有一位員工連續七年獲選只占百分之二的頂尖人物，也就是金田博之先生，我和他對談時，他說出以下這段經歷。

進入該公司的第一年，和他同期的一位同事畢業於一流大學，負責最受注目的業務單位，而他則負責經營講座的管理工作。這項工作屬於例行性工作，與金田先生原本期望的業務工作相距十萬八千里。

然而，他並沒有因此抱怨，而是決心在自己擔任的職務上，思考為什麼沿襲下來的流程是如此？並且，試圖摸索出其他更好的做法。

接著，他改善流程，把原本要花一星期的人工作業，縮短為數分鐘，而且大幅降低了成本，同時也成為其他業務的工具，對全公司發揮極大的助益。

因為這個改善作業，他在進入該公司第一年就獲頒社長獎。

▼採用新方法，為自己帶來成長

人總是恐懼改變，偏好維持現狀。

所以，即使是一點小事，也會執著於習慣的場所、人際關係、結構和做法。尤其愈具有完美主義的人，愈害怕失敗，所以逃避變化的傾向也愈強烈。

因此，就算以往的做法很老套、沒有效率，周遭的人已經開始嘗試新方法，他們仍然緊咬著舊方法不放。

首先，請試著換個方法改變管理行程表的記事本，或是改變寫筆記的方式等。

先設法從小地方下點工夫，來改變過去的做法，一旦習慣小小的變化，就能漸漸減少對變化的恐懼和不安。

而且，**將心力花費在新方法上，可以讓工作更具創造性，也更快樂。**

如果現在所做的工作無聊又一成不變，不妨嘗試新方法，設法把原本需要花一個鐘頭的工作，在四十分鐘以內做完。

嘗試新方法後，就算是例行性工作，也可能潛藏著足以讓人獲得絕佳成果的可能性。

建議各位讀者，不妨從平日就開始一點一點地挑戰新事物吧。

完美主義者
因為害怕風險，
所以很難脫離現在的
舒適圈。
現在這樣
就好了。
現狀
無法擴展自己的
可能性。

高密度工作者

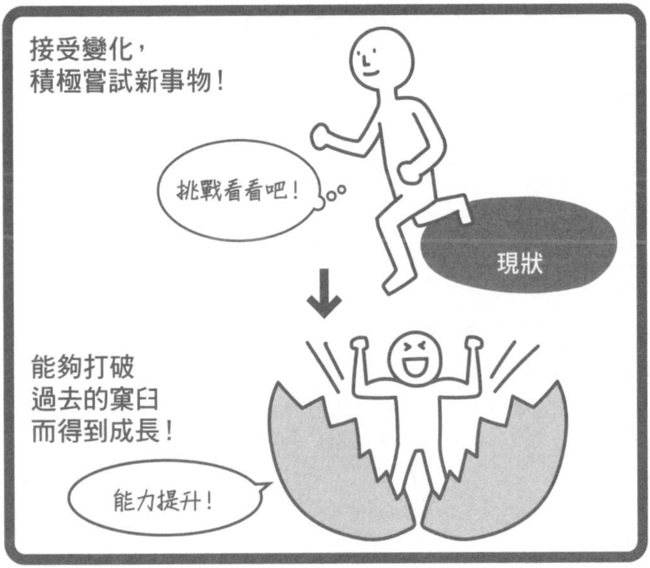
接受變化，
積極嘗試新事物！
挑戰看看吧！
現狀
能夠打破
過去的窠臼
而得到成長！
能力提升！

實踐

1. 時常思考是否有更新的做法。
2. 試著一天挑戰一項改善方法。

COLUMN 2

項目
17
的重點
（第九十四頁）

現狀領域和變化領域是什麼？

所謂現狀領域，指的是沒有變化的世界，也是讓人感到安心、安全的領域。

例如，「完成在能力範圍內辦得到的工作」、「重複和以往相同的行為模式」或「與知心好友在一起」等。

一直安於現況雖然舒適，但是會產生無聊感或覺得自己沒有成長。

相反地，變化領域則是未知的世界。

例如，「涉足還未嘗試過的工作」、「把能力發揮到最大限度，也不確定能否成功的挑戰」或「認識不同世界的人」等。

往變化領域前進，可能會帶來失敗的風險、恐懼和不安等。而且，待在變化領域不見得舒服，但是人們只有在此領域才能成長。

第 3 章

不畏失敗而行動

18

完美主義者 凡事三思而行
高密度工作者 立刻行動派

有兩位上班族來找我，想商談關於「在週末創業」一事。

A先生服務於製造商的會計部，是位個性謹慎的人。他決定了打算開創的事業後，對於每一件事都小心翼翼，想著「首先要蒐集資訊」或「要先學習最好的做法再說」。

A成立了個人網站和部落格，也發送電子報及舉辦講座等，為了讓事業上軌道，他將工作項目排得滿滿的，卻沒什麼進展。

另一位B先生，在汽車相關製造商擔任行政庶務，屬於想到就立刻行動的人。就算是毫無經驗的事，也會一邊嘗試錯誤，一邊不斷進行。

他先在一天內找出適合參考的網站，再外發給專業人士處理。至於部落格，B會先決定標題，即使是瑣碎的文章，也維持每天更新文章的習慣；講座的舉辦則是火速地先將日期及場地訂下。

一年後，這兩個人各自變成什麼情況呢？

A總算完成了網站，但部落格才開站不到兩個月，點閱率約三十左右。因為想不出合適的標題，所以電子報還沒發行。講座方面，則因為自己「口才不佳」，所以一直猶豫著，尚未舉辦。

相反地，B則是已經產生收益。

他在這一年當中辦了五次講座，雖然每次只有五名左右的與會者，人數並不多，卻有機會讓後續的諮詢服務合約成交。

而且，因為B養成了經營電子報和部落格的習慣，所以電子報有超過五百人訂閱，甚至被雜誌社要求採訪，所以在媒體曝光方面也展現成效。

▼完美主義者畏懼挑戰

如同前述例子所顯示，完美主義者的思考模式，傾向對風險及失敗非常敏感。

雖然毫無疏漏地完成例行性工作，徹底貫徹過程的完美主義有其效果，不過，想嘗試超越能力的未知領域工作時，有時必須伺機而動，發揮趕鴨子上架的行動力。

抓準時機開始探索新領域，再從錯誤經驗中反覆學習，就能開啟前方的道路。

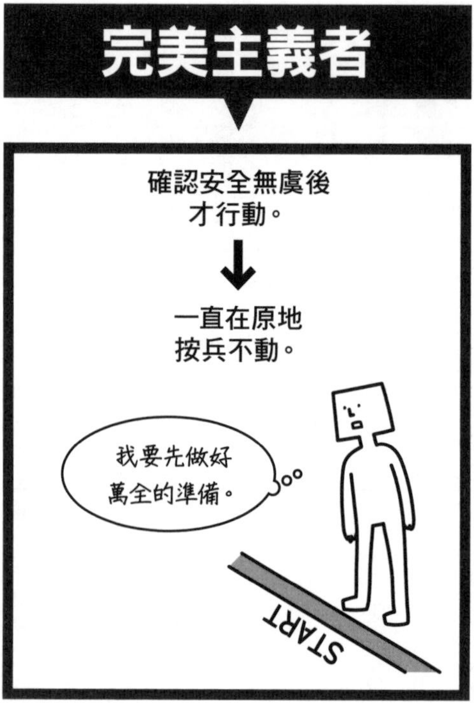
完美主義者
確認安全無虞後
才行動。
一直在原地
按兵不動。
我要先做好
萬全的準備。
START

高密度工作者

相信百思
不如一試。

↓

從錯誤的經驗中，
不斷開拓道路。

總之，先試試
看再說。
START

實踐

❶ 決定要做什麼事，然後排入行程表。

❷ 嘗試讓自己動起來，有助計畫正式啟動。

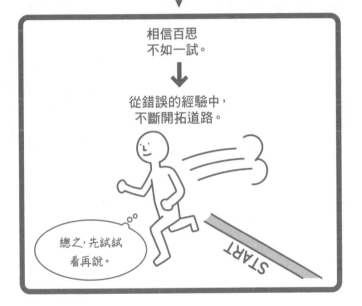

19

完美主義者 想馬上做到完美
高密度工作者 習慣先擬定草案

遠藤千咲原本服務於 TOMY A.R.T.S 娛樂公司，她入社第一年便企劃出暢銷商品——「人生銀行撲滿」。現在遠藤小姐是自由接案企劃人員，而且她曾在《日經 WOMAN》雜誌主辦的「WOMAN OF THE YEAR 2008」大放異彩。

以前我曾經採訪過遠藤小姐，在訪談中請教她關於企劃暢銷商品的祕訣。當時她告訴我，**首要條件是「勾勒出一個輪廓」**。

所謂「勾勒出一個輪廓」，是指企劃內容只設定大架構，而不馬上詳細執行細節，必須先和主管談一談這個架構再行動。

遠藤小姐說：「有些非常認真的後輩，會拚命地把細節完成，所以很難接受變更或建議，但是如果一開始只有大致的架構，反而還有接受修改的空間，別人也更容易提出意見。」

也就是說，草案不須過度講求完美。如果太過堅持完美，不但耗費時間，而且要修正或調整細節也會花費過多時間，而且，如果只有大致架構，商量對象才更容易開口，為你的草案提出意見。

▼善用「雛型思考」

上述道理同樣也適用在其他工作上。

例如，當上司委託屬下製作報告時，完美主義者如果沒有將細節做到盡善盡美，就會覺得不安，以致不知不覺中耗掉許多時間。

於是，當他們趕在期限截止前提交時，一旦主管說：「我要的不是這樣的內容。」他們就不得不徹夜趕工修正。

高密度工作者與遠藤小姐一樣，懂得先擬好簡單的草案，再加以調整。

重點在於，他們擬草案時，能夠清楚區分架構和細節，並且有省略細節的勇氣。人們總是容易把目光放在細節上，其實只需要將概要狀況傳達給對方即可。

像這樣一邊修整草案、一邊思考的方式，便稱為「雛型思考」。

許多製造商在正式製造商品前，必定會先做出試作品，並在商品推出市場前，先測試方向，然後加以修正。

因為這麼一來，才能確認成果是否切合期望與需求，了解自己應該在哪些部分全力以赴，以及哪些部分能夠放鬆些，這點相當重要。

完美主義者
一開始
就連細節也想
做得盡善盡美。
在期限前交出
卻被駁回，
不得不加班
修改。
我再重做……
企劃書
不是這樣……

高密度工作者

先擬出簡單草案，
再和小組成員
討論細節。

因為事前
一再確認方向，
所以執行時
能夠很順利。

實踐

❶ 在草案階段必須保留約百分之三十的彈性。

❷ 養成雛型思考的習慣。

20

完美主義者 一次決勝負的思考模式

高密度工作者 採用機率性的思考模式

勝間和代在其著作《「成為名人」這回事》中，為「猜拳法則」定義如下：

各種挑戰都有其機率。也就是說，即使贏的機率低，只要反覆做，總有一天輸的機率就會下降，因此而獲勝。

多數人很難像這樣持續努力五十次，甚至一百次，不過，如果持續挑戰並不會特別失去什麼，那麼就不斷挑戰吧。

這麼一來，最後必定能獲勝。我曾訪問過的有名藝人或經營者，他們大多數都有這項特質——

那就是「猜拳、猜拳、再猜拳」。

我打算出版這本書時，一開始便寫了企劃書，並寄給三十三家出版社。結果，有十一家出版社聯繫我，與編輯見面談過後，便決定了該由誰出版。

原本就從事業務工作的我，認為任何事都沒有百分之百的機率，而且習慣以機率來思考，因此總是不斷地猜拳嘗試。

▼不怕失敗，勇於嘗試

完美主義者總是努力讓自己不要一出手就失敗。因為太恐懼失敗，以致忘了應該多嘗試。

高密度工作者不要求一次就做到百分之百完美，所以他們一邊接受失敗，一邊嘗試各種做法，並且認為只要能達成最後的結果就好了。

創業投資人專門投資新興企業，藉由投資收益而獲利，最重要的是，他們絕對不會把資金挹注在同一個企業。

假設他們投資十家公司，即使完全投資失利，不過，如果其中有兩家獲利，或是未來能有所轉變，就能帶來助益。所以創業投資人在投資組合的思考模式，乃是同時投資多家公司。

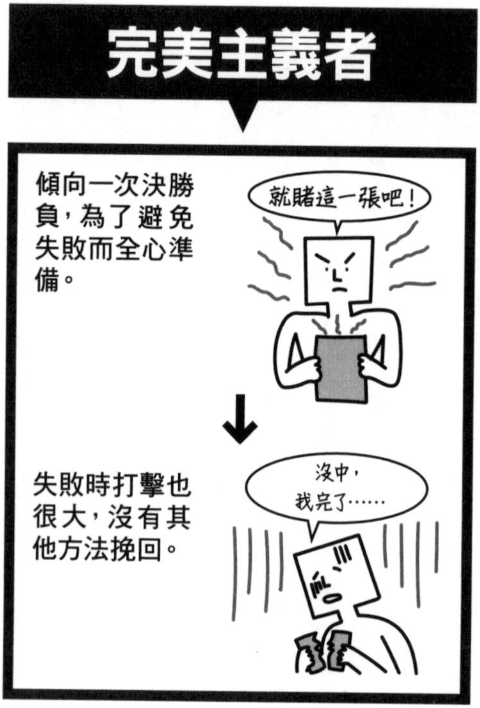
完美主義者
傾向一次決勝負，為了避免失敗而全心準備。
就賭這一張吧！
失敗時打擊也很大，沒有其他方法挽回。
沒中，我完了……

一項新事業或新服務能否成功，如果不嘗試，就無法知道答案。面對新工作，應該採取什麼做法、花費哪些工夫，道理也是相同的。

像這般「嘗試錯誤（trial and error）」，就與前述的機率問題一樣，因此，請大家勇敢猜拳吧。

高密度工作者

不會對某個項目下百分之百的賭注，總之先多方嘗試。

只要能中一張就好。

只要其中有一項成功，就能提升成果。

好棒！
中了一張！

實踐

1. 失敗乃是理所當然，先從小事開始嘗試。
2. 接受失敗，持續挑戰。

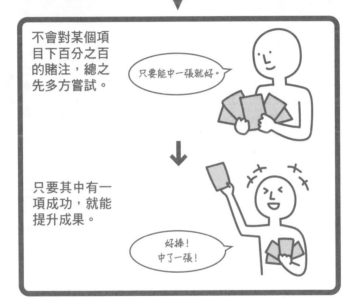

21

完美主義者 容易感到挫折

高密度工作者 慢慢提升精確度

軟銀社長孫正義的弟弟孫泰藏先生，是GungHo電子遊戲公司的會長，該公司發行的《龍族拼圖》電玩遊戲大受歡迎。

《龍族拼圖》能熱賣，其實花費了長年累月的時間，但一般人很少耳聞。該公司在手機遊戲公司漸漸撤退之際，仍持續不懈地開發，因此獲得成功，

孫泰藏把這種狀況稱為「克服臥薪嘗膽期」。所謂「臥薪嘗膽期」，則是指類似以下狀況——

人們很容易認為努力就有成果，但真相是：付出努力並有毅力地持續挑戰後，成果才會開始一口氣展現，這也是拉開大幅差距的關鍵。

因為企圖挑戰新事物時，經由反覆嘗試錯誤的過程，之後才會慢慢變得順利。因此，如果反覆嘗試錯誤的步驟足夠持久，工作長進的程度就會有所改變。

▼讓持續努力不只是口號

在工作上，必須面對「無法隨心所欲」的狀況。

完美主義者傾向針對當天的一日成果，評斷自己「做到了」或「沒做到」，但是，如果沒有灰色地帶，就會因為「沒做到」而自我否定，最後讓自己疲憊不堪。而且，很容易中途放棄。

尤其，當自己的心態或技巧產生巨大轉變，或者改變工作方法時，想做出成果必須花費更多時間。所以，即使現在某件事情進展不順利，只要繼續學習，必定能一步一步地往前進。

想像一下，如果自己一個月、三個月、半年、一年、三年或五年，持續做某件事會怎麼樣呢？

即使只是踏出一小步，若能持續往前，以乘法來計算的話，成果就會漸漸擴大。正因如此，一點一滴地磨練自己就顯得非常重要。

請你試著接納小小的成長，逐漸琢磨自己的「長期戰思考模式」。

能夠巧妙地做出成果的人，即使只有零點一公分的進展，他們也會感到喜悅。這樣的人會將努力過程，視為自己的臥薪嘗膽期，並且淡然處之地持續努力。

如此下來，總有一天能和他人拉開差距，甚至遠遠贏過對手。

完美主義者
遇到「臥薪嘗膽期」就一再自我否定，結果讓自己身心俱疲而放棄。
雖然努力卻做不出成果，我不適合這個工作……
我不幹了！

高密度工作者

即使遇到「臥薪嘗膽期」，還是為自己跨出
一小步而喜悅，並淡然地不斷努力。

雖然微乎其微，
還是有進步，就照
這樣繼續努力吧！

實踐

1. 讓自己養成持續琢磨的思考習慣。
2. 在拉開大幅差距前，要懂得忍耐。

22

完美主義者 為無可奈何的事煩惱
高密度工作者 專注於可達成的事項

我曾為一家企業進行諮商，這家公司擁有二十名營業員，不過推出的商品品項卻非常少，在市場上居於稍微不利的處境，再加上該年度，公司要求營業員達成的目標，比前一年提高了百分之三十以上，營業員因此怨聲載道。

我和這些營業員一一面談後，發現他們的心態呈現極端的消極與積極之分。

心態消極的那些人，雖然也想要努力工作，卻因為多所抱怨，使得工作熱情低落，他們的目光多半放在「商品品質本身就不好」，或者「總公司訂的業績目標根本亂來」

等事情上。

另一方面，**心態積極的那些員工則是徹底思考，在目前所處的狀況下，自己能做些什麼。**

我詢問其中一個人：「難道心中沒有不滿嗎？」

結果他回答：「要說不滿確實也有，但其他公司想必也有類似的煩惱，不是嗎？與其煩惱這些，不如想想看，在這樣的環境下，如何增進給客戶的提案，或者思考如何突顯自家與其他公司的差異，這不是更具生產性嗎？」

這就是思考習慣的不同，所帶來的差異。公司的方針或策略，不可能立即因應每一位營業員來調整，因此，如果一直把焦點放在這裡，心中自然會充滿不平和怨言，因此失去幹勁。

相較之下，充滿活力而積極行動的人，自然更能展現出成果。

▼專注於「辦得到的事」

首先，檢視自己的思考習慣是偏向去考量「可控制」或「無法控制」的事。高密度工作者總是專注於辦得到的事，不去想那些無可奈何的事。

完美主義者則會為了「無法預料的事」或「他人會有什麼舉動」等不確定因素而焦慮煩躁。但是，別人或外部環境並非自己能夠控制的，可說根本無可奈何。

雖然如此，也不是要你置之不理，而是將重心放在「做自己辦得到的事」。比方說，再次仔細思考不確定因素，想想有什麼替代方案。

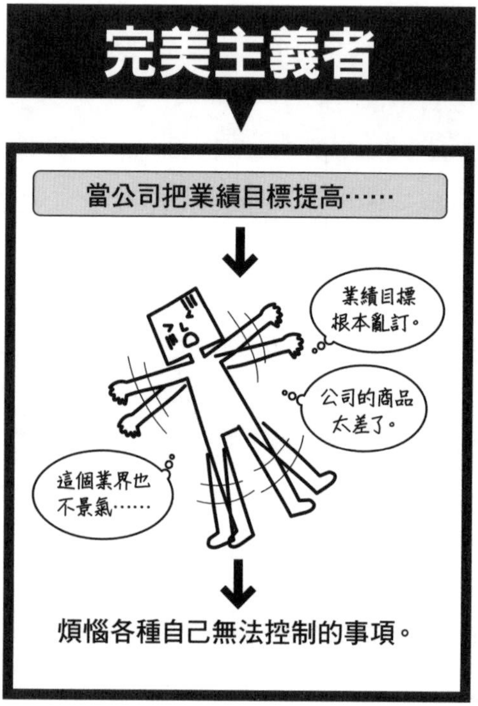

像這樣有彈性地因應經濟情勢、公司方針等無法控制的部分，才能成為一位高密度工作者。

高密度工作者

當公司把業績目標提高……

如何突顯和
其他公司
的差異？
為了達成目標，
什麼是必要
的事？
該怎麼做才能
增進給客戶
的提案？

在所處的環境下，
專注於自己能做到的事。

實踐

1. 必須時常檢視自己的思考方向。
2. 不耗費時間分析原因，而是思考做得到的事。

23

完美主義者
為所有的風險做準備

高密度工作者
針對較大風險徹底準備

系統工程師A先生是個完美主義者，他非常愛操心，對風險很敏感。為了防止問題發生，即使是微小的風險，他也謹慎戒備，甚至連其他成員的工作，也會小心檢查是否有疏失。

因為A經常加班到深夜，某次在疲憊不堪的情況下，導致他遺漏極為重要的檢查項目，新系統開始運轉的第一天，就頻頻發生問題。

自責的他雖然努力想挽回，卻因為精神瀕臨崩潰而離職。

相對地，採用高密度工作思考模式的B先生，雖然負責好幾個大型專案，但他所架構的系統幾乎沒發生過問題，因此而出名。他總是老神在在，一副在辦公室內散步的模樣，讓人覺得他游刃有餘。

觀察之下，B的工作方式，是**事先謹慎確認容易發生重大問題的部分，並請教公司內部才智出眾者的意見**。到了建構系統時，再製作檢查表分給專案成員，以避免失誤，防止人為的疏忽。

像這樣集中應對具有較大風險的部分，就能防止問題發生。

▼「打地鼠思考模式」讓人疲於奔命

當我們把目光焦點全放在微小的風險上，便會產生盲點，在防止較大風險時，可能就不夠完備。

只顧著解決小風險或讓人操心的原因，我稱之為「打地鼠思考模式」。

如果以這種思考模式來面對風險，只會讓我們的視野變得狹窄，也很容易導致自己疲憊不堪。

比方說，當我們製作資料時，若是滿腦子只想著要檢查錯漏字，結果反而疏忽了內容的正確性。

完美主義者總是因為恐懼失敗，不想承擔風險，因而採取「打地鼠思考模式」，對於瑣碎的細節特別敏感。

高密度工作者習慣優先處理較重大的風險，所以能夠適當地防患未然。

只要對風險做好充分準備，就可以把心裡的恐懼壓縮到最小程度，也能勇於挑戰新事物。

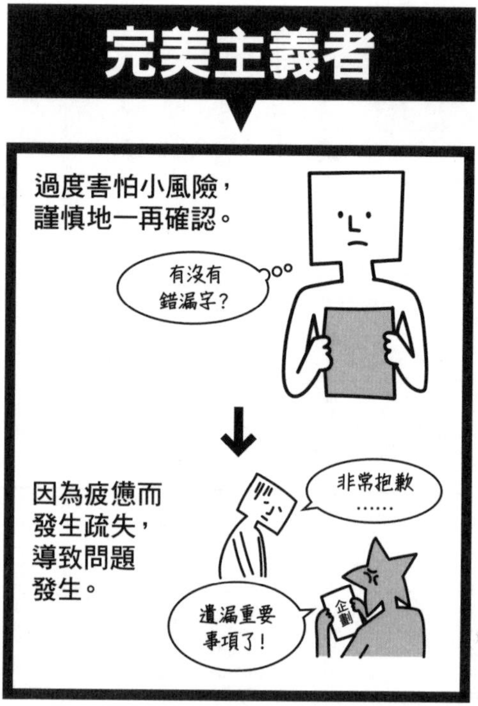
完美主義者
過度害怕小風險，
謹慎地一再確認。
有沒有
錯漏字？
因為疲憊而
發生疏失，
導致問題
發生。
非常抱歉
……
遺漏重要
事項了！
企劃

高密度工作者

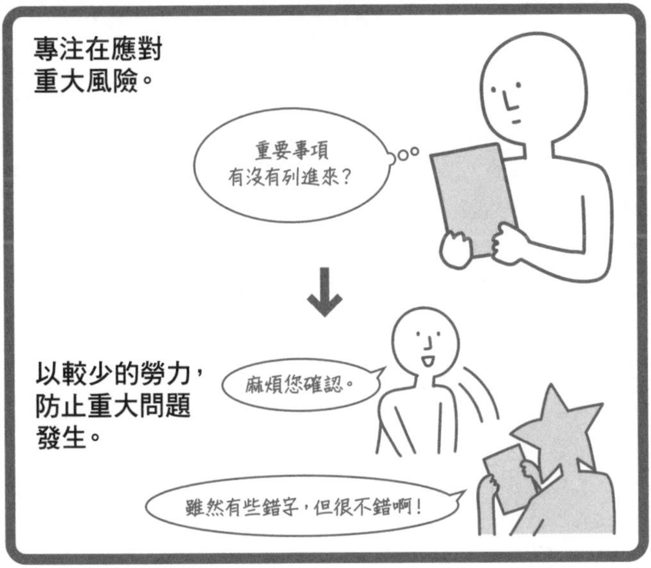

實踐

1. 預估最嚴重的風險。
2. 透過計畫或工具，減少太過瑣碎的檢查方式。

COLUMN 3

項目
21
的重點
（第一一二頁）

成果曲線

人們通常認為努力就可以立刻出現成果，所以推測成果時，都會想像成類似圖 A 般直線上升的曲線。

但是，效果高的工作，在一定的成果出現前，其實會產生像圖 B 般的曲線變化，即二次曲線。

推測成果和實際成果的差距，中間這段時期就是「臥薪嘗膽期」。這是為了成長非忍耐不可、且無法立刻獲得報酬的期間。

但是，忍耐地度過這段期間，大幅拉開差距的階段就會到來。

換句話說，以中長期視野逐漸琢磨的思考，才會讓成果發生改變。

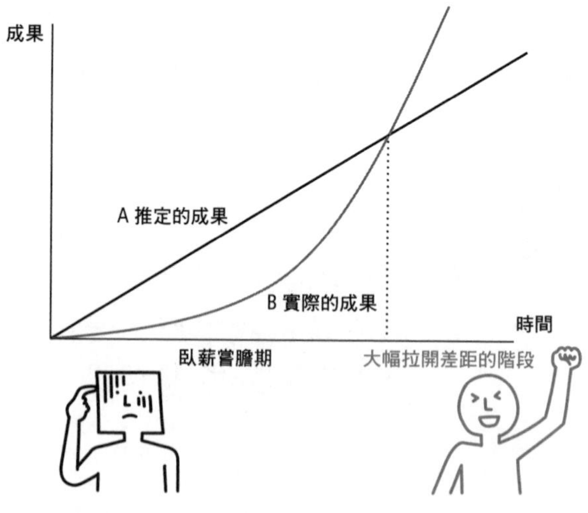
成果
A 推定的成果
B 實際的成果
時間
臥薪嘗膽期
大幅拉開差距的階段

第 4 章

從容不迫做準備

24

完美主義者

缺乏充裕的時間

高密度工作者

營造從容的空間

超級忙碌的日本總理大臣，究竟是如何度過夜晚的時間呢？

二〇一三年四月十八日，安倍晉三總理在日本電視臺的情報節目《Sukkiri!!》現場接受觀眾提問時，提出以下回答。

他說自己平均睡眠時間為六小時，晚上十二點就寢，早上六點起床。

如果晚上有時間，他會看一小時的國外電視劇，像是美國電視劇《超感警探》及《二十四反恐任務》，透過非例行性的活動來消除壓力。

的確，在政治圈勢必會面臨形形色色的問題與課題，每天生活在巨大壓力中的安倍總理，應該是想讓頭腦暫時放空吧。

此外，他的嗜好還有閱讀警察小說。我還記得安倍總理在《名叫海賊的男人》（百田尚樹著）發行不久後，曾對這部小說讚不絕口。在他每天繁忙的日子中，仍然保留一段閱讀小說的時間。

而且，這樣的閒暇應該不是自然產生，而是他刻意撥出時間。

安倍總理必須針對政治和經濟，做出攸關國家命運的判斷，如果不這麼做，想必腦袋會變得遲鈍吧。

▼放鬆的時間能提升效率

一想到安倍總理的重責大任及業務量，就覺得要抱怨自己沒有空閒，還真是有點難為情。

完美主義者經常被時間追著跑，因此感到焦頭爛額。若能保留一點閒暇，就可以在被時間追著跑以前，先做好應該完成的事情。或許可說，完美主義者認為被追到無路可逃的表現才正確。

相對地，**高密度工作者則會如同安倍總理般，確實保留悠閒的時間**。而且是時間和精神上的悠閒。

我所遇到的傑出商務人士，都擅長在繁忙的生活中創造悠閒時間。而且，這麼做能夠為精神上帶來餘裕，更容易做出冷靜的判斷。

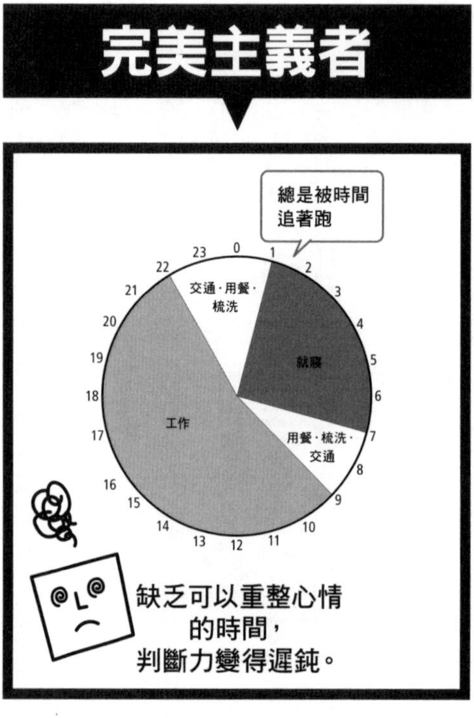
完美主義者
總是被時間追著跑
交通・用餐・梳洗
就寢
工作
用餐・梳洗・交通
缺乏可以重整心情的時間，判斷力變得遲鈍。

即使是繁忙的日子，也不妨創造可以讓自己平靜的時間吧！「觀賞搞笑節目」、「泡在浴缸裡讀喜愛的小說」等都很好。這樣的悠閒時間，正是客觀審視自我的契機。

高密度工作者

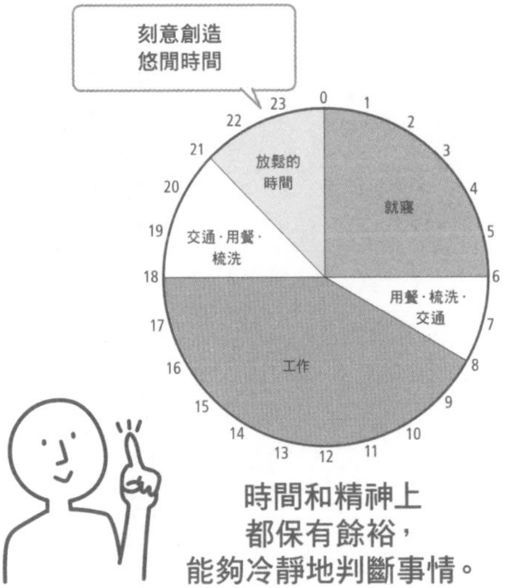
刻意創造
悠閒時間
放鬆的
時間
就寢
交通・用餐・
梳洗
用餐・梳洗・
交通
工作

時間和精神上
都保有餘裕，
能夠冷靜地判斷事情。

實踐

❶ 創造時間上的閒暇。

❷ 創造精神上的閒暇。

25

完美主義者

不輕易原諒自己

高密度工作者

常給自己小小的肯定

即使只是被上司稍微指責，完美主義者就覺得自己被全面否定，陷入「我真沒用」的自我厭惡感受。

相對地，高密度工作者不會過度自責，而會認為：「算了，這也沒辦法。」「難免會有這種事。」「這個做法失敗了，試著換個方式。」這絕對不是嬌慣自己，而是**在適當範圍內反省，然後加以改善**。

我的工作是擔任「習慣培養」之顧問，從中發現，無法持之以恆的人，多半抱持強烈的完美主義思考模式，具有過度自我否定的傾向。

比方說，決定「每天提早一小時起床去跑步」。三天後，因為聚餐的緣故，早上起不來，第四天又因為下雨而取消，這時完美主義者就會開始自我厭惡，自責「我果然沒有毅力」，覺得挫折沮喪。導致自己無心再繼續跑步，認為自己無能而痛苦萬分。

相對地，高密度工作者則會告訴自己：「昨天因為聚餐太晚回家，早上沒辦法慢跑，今天搭電車就站著好了！」如果遇到雨天時，他們會認為：「那就在家爬樓梯，運動一下好了。」透過這些小事來肯定、鼓勵自己。

如此一來，高密度工作者就能保有彈性，而持續堅持下去。

▼接受不完美的自己

典型的過度努力者，時常對自己說很嚴苛的話。

每一天，我們的內心都會「自我交談」多達三萬次。

「這樣不行！」

「要做得更好！」

「我盡全力了嗎？」

這是藉由否定自我，產生努力的動機。

但是，如果客觀地從文字來看，這些都是相當嚴厲的話語。為什麼我們會自我譴責呢？其實，乃是基於以下根源。

「我還不夠完美，所以一定要更努力！」

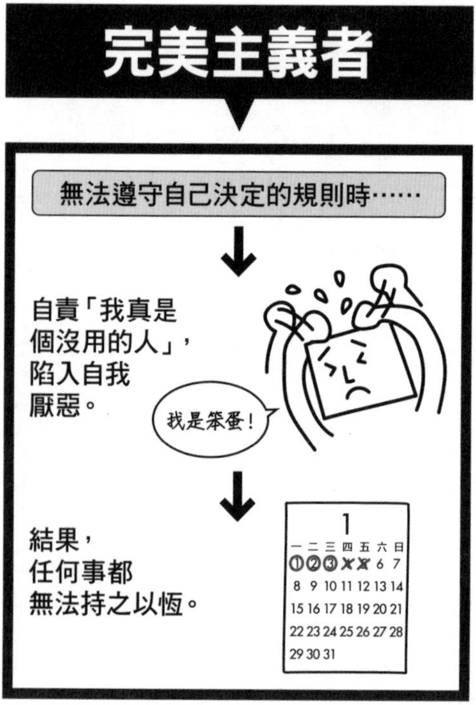
完美主義者
無法遵守自己決定的規則時……
自責「我真是個沒用的人」，陷入自我厭惡。
我是笨蛋！
結果，任何事都無法持之以恆。
1
一 二 三 四 五 六 日
1 2 3 4 5 6 7
8 9 10 11 12 13 14
15 16 17 18 19 20 21
22 23 24 25 26 27 28
29 30 31

「如果沒有比別人努力，就無法達到相同結果。」

所謂的完美只不過是幻想罷了，人類原本就是不完美的物種。

唯有接受不完美，才能接受真正的自己。

高密度工作者

無法遵守自己決定的規則時……

↓

不過度自責，覺得「算了，這也沒辦法。試試其他方法吧！」

↓

能夠彈性面對而持之以恆。

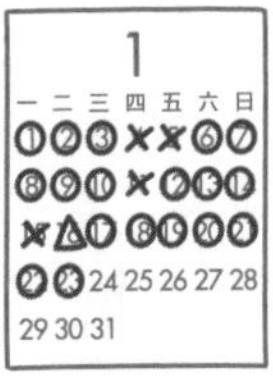

實踐

❶ 將行動難度設低一點，給自己小小的肯定。

❷ 完全接受真正的自我。

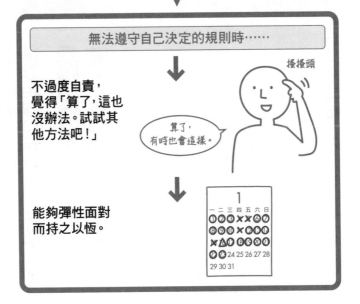

26

完美主義者
總是怪罪自己而沮喪

高密度工作者
區分責任不苛求自我

系統工程師A先生是個認真勤奮的人，他所帶領的專案，花費半年時間導入，等到系統開始運作後，卻接連不斷地發生問題。

從運作開始後的三個月期間，他認為問題全出在自己身上，時常不眠不休地拚命解決問題，但問題仍頻頻發生。

A的精神和體力都瀕臨極限，因為精神疾病的關係，只好辦理留職停薪。而且，他覺得自己對客戶和公司造成麻煩，出於自責以致精神崩潰。

另一方面，和他同部門的B先生，也面臨了系統發生問題的狀況。

B依據經驗預料到，資訊系統往往都會伴隨問題的發生。而且，他告訴自己：「既然問題已經發生，那麼也無可奈何，現在能做的，只有盡全力解決問題。」

他將問題一一釐清後再處理，一個月後，系統開始穩定運作。此外，B的臉上看不出任何疲憊的神情，只是平靜地處理其他三個專案。

他們兩人有什麼樣的差異呢？

▼心情穩定勝過一味地扛責

乍看之下，A似乎責任感非常強烈，但是每當系統發生問題，就把所有責任扛在肩上，這樣絕對說不上是件好事。

如果精神上的打擊過大，持續著不眠不休的日子，將會失去面對問題的專注力，很容易再次犯下錯誤。

而且，對於自己負責的其他專案，也會跟著變得戰戰兢兢，有如抱著隨時都可能引燃的炸彈。

從上述例子來看，B先生在精神上，就沒有受到太嚴重的打擊，這是因為他不會**把自己的責任無限擴大**。

系統之所以發生問題，原因並不全出在架構系統的軟體工程師身上，執行程式作業的軟體工程師也可能發生失誤，而且主管也有責任。另外，也可能是營業或機器製造商的問題。

完美主義者
發生問題時，
一個人扛起所有責任。
全部的
責任
重死了～

雖然專案領導人架構系統時，應事先將這些狀況預估進來，但是把所有問題都歸咎在自己身上，那可就不必要了。

高密度工作者

客觀地切割區分責任範圍。

實踐

1. 細分責任範圍，不會一個人扛起。
2. 如果有沉浸於感傷的閒工夫，不如思考自己能做什麼。

27

完美主義者 基於義務而行動

高密度工作者 因為興奮而行動

我到國外旅行時，總會事先擬訂計畫。

但是，依照計畫旅行時，如果沒有把行程上的地點全部走過一遍，就會覺得渾身不對勁。

難得美景就在眼前，卻因為這份計畫，不得不往下一個地點出發，原本是為了放鬆心情、為了享受旅程，才到國外旅行，結果，竟然因為無法刪減行程上的景點，而感到內心焦慮……。

像這樣，不就是本末倒置了嗎？讓自己無法從基於義務而行動的陷阱抽身。

你是否也有過這樣的經驗？基於義務心態而行動，讓原本應當是快樂的事情，也變得苦不堪言，耗費了過多的能量。

以旅行為例，高密度工作者會決定的是旅遊目的——「旅行就是要開心，獲得新的刺激」，然後擬訂計畫。計畫訂得寬鬆，只要遇到景色優美的地點，就停留下來，若是有氣氛良好的咖啡廳，便花一個鐘頭悠閒地喝杯咖啡度過。

記得自己最初的目的，然後抱著「放鬆及體驗非日常生活」的態度，就能有彈性地變更旅行計畫，更加樂在其中。

▼別只是盡義務，而要抱著興奮期待

完美主義者專注於過程是否盡善盡美，容易把決定的計畫內容認定為「就是應該這麼做」，所以不擅長彈性調整。而且，經常會被決定的事情綁架，因為義務作祟才使自己動起來。

即使是喜歡或擅長的工作，也會因為「何時應該完成」、「截止期」或「流程」等義務，把自己逼到無處可逃。在這種情況下，精神便會缺乏餘裕。

話雖這麼說，我也經常有原本是一份喜愛的工作，卻因為受到重重束縛，而突然產生被追趕到覺得窘迫的時候。

另一方面，**高密度工作者擅長把「愉快」的心情，巧妙地轉變成動力來工作**，所以壓力較少，也能提高專注力與生產力。

完美主義者

即使是喜歡的工作，也容易把所有過程當作「該做的事」。
非做不可！
因為義務心態作祟，造成重重束縛而疲憊不堪。
義務感

這就是基於義務或興奮，不同的動力所產生的差異。

為了享受過程，先把對未來的不安擱置在一邊，專注於眼前的事項。此外，提供一個小方法，以計時器來限制作業時間，能幫助我們忘記未來的不安，專注於眼前的作業。

高密度工作者

處在覺得「很開心」的心情下工作。

沒有壓力，能提升幹勁、投入工作。

實踐

1. 先設定好本日的「愉快工作」。
2. 從壓力中解放，以計時器設定時間。

28

完美主義者 極端的思考傾向

高密度工作者 保留灰色地帶的彈性思考

我為某家中小企業的社長，針對培養早起習慣進行諮商時，發生了這件事。在諮商過程中，他宣稱：「平時我都是早上十一點才進公司，下個星期我決定五個工作天，都要八點就到達公司。」

一星期後，當我問他：「結果怎麼樣呢？」他回答：「唉呀！完全不行。實在很丟臉。」於是我問他：「五天都是十一點上班嗎？」

他說：「不，其中一天是八點到公司，其他四天則恢復為十一點。」說話時的口氣，還透露出自我厭惡的感覺。接著，我問他那天能早起的主因是什麼？

結果，他表示是「提早一個小時上床」和「前一天沒有喝過量的酒」等因素。然後，我又問他，提早到公司的那天，有沒有什麼良好的感受？

社長說，看到員工出席早會的模樣，能夠了解公司概況及個人狀態，覺得這是一件很棒的事。

於是，我提出建議：「那麼，下個星期選兩天，讓自己八點到公司怎麼樣？」

「什麼？兩天就夠了嗎？」在諮詢結束後他心情愉快地離開。

結果，這位社長在接下來的這個星期中，連續五天都是八點到公司。

▼從「非黑即白的思考習慣」中解放

上述案例的問題出在，這位社長的思考受限於「能否五天都是八點到公司」或「做不到這件事」這兩個選項。雖然其中一天辦到了，卻還是給自己「零分」，並因此自責。

完美主義者當中，尤其是「二擇一判斷」傾向強烈的人，總是會有「不是一百分就是零分」的思考方式。在認知心理學中，將這種情況稱為「非黑即白的思考」。

其特徵就是在下判斷時，認為如果一件事不是正面的，那麼就會是反面，採取二分法的極端思考。

因為這類人認為，沒有把事情做到盡善盡美，就沒有意義。雖然這樣能激發幹勁，但也可能把自己逼到無路可逃。

尤其，當大量的工作排山倒海而來，或是摸索新工作的過程中，採用這種思考方式，會對精神造成極大的負擔。

還有一個壞處，是即使有小小的成果或成長，也會無法認同自己，導致自我厭惡，失去挑戰精神。

請記住，要能長久持續工作，重要的是發掘小小的成長，並且原諒和認同自己。

完美主義者

容易以
二擇一的方式，
判斷「有做到」
或「沒做到」。
不是一百分
就沒意義了。
70分
因為「沒做到」的
心理負擔極大，
所以失去挑戰
精神。
很討厭自己又做不到，
乾脆放棄好了。

高密度工作者

接受灰色地帶，
能夠為些微的成長
而感到開心。

思考有彈性，
能積極挑戰。

比之前好多了！
70 分
不斷進行下去吧！
70 分

實踐

❶ 把滿足的程度數據化，找出灰色地帶。

❷ 即使是很小的成果，也為成長感到開心。

29

完美主義者
為了不時之需囤積物品

高密度工作者
不斷淘汰多餘的物品

桌上的文件愈堆愈高，抽屜也裝滿物品，沒有任何空間；雜亂的工作環境，光是找東西就得大費周章。一天到底花了多少時間在找東西呢？——這就是十年前的我。

「為了保險起見，先收起來好了。」

「我可不想丟了，要用時才後悔。」

因為這些內心的想法作祟，所以東西就愈囤愈多。

相較之下，同部門的課長的桌子總是空蕩蕩，看起來很清爽。於是，我向他請教收納的要領。他說：

「如果有需要時，再問你們就好了。」

「重要的資訊要記在腦子裡，如果忘了，再上網查就可以了。」

「必要的資料立刻收進資料夾裡。」

可見，他十分確實地做到「當下取捨」這件事。

▼學會放手是成為高密度工作者的訓練之一

所謂的選擇取捨，依照字典上的定義是「丟掉壞的、不必要的事物，選取好的、必要的事物」。**能幹的人，就是懂得選擇取捨的達人。**

首先，要能夠「捨」，具有選取必要事物的判斷力。如果沒有捨棄的勇氣和習慣，就會緊抱著東西或事物的細枝末節不放，漸漸失去精神及空間上的餘裕。

完美主義者為了不時之需，而試圖囊括一切，缺乏明確的選擇基準。

因此，**不妨透過工作上的選擇取捨，或者對於事物當捨即捨等實際行動，讓身心保持井然有序的狀態。**

首先，先把辦公桌整理乾淨，保持空間上的餘裕。

為了建立「能捨」的強制力，不妨每週規定一天當作「丟物日」。當你產生「這是為了不時之需……」的念頭時，進一步問自己：

「所謂不時之需，是預料哪一種情況會發生？」

「這個情況發生的頻率有多高？」

「如果丟了它，會有什麼問題嗎？」

這麼一來，就能漸漸對不必要的東西放手。

就算是旅行時，設法讓行李箱的物品更輕便，也能成為一項選擇取捨的練習，讓它成為一種思考習慣。

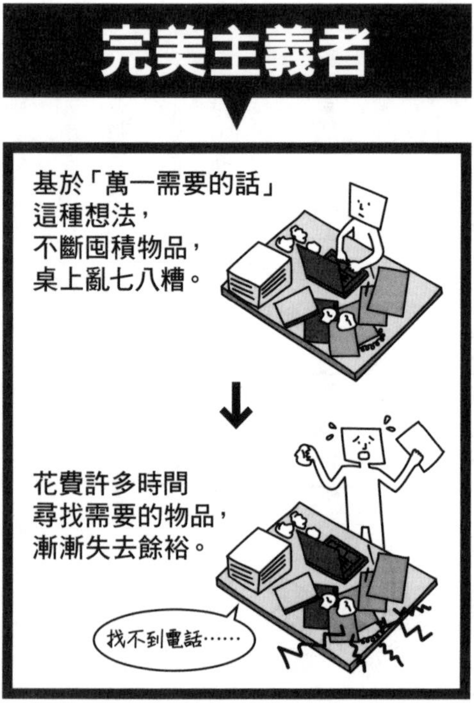
完美主義者
基於「萬一需要的話」這種想法，不斷囤積物品，桌上亂七八糟。
花費許多時間尋找需要的物品，漸漸失去餘裕。
找不到電話……

高密度工作者

當下選擇取捨，
不堆疊非必要的東西，
辦公桌總是
井然有序。

能保持精神及
空間上的餘裕。

實踐

1. 為自己決定每週一次的丟物日。
2. 減輕公事包的重量。

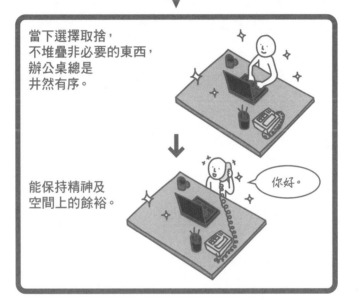

COLUMN 4

項目
26
的重點
（第一三四頁）

使用圓餅圖法分散責任

在心理學的認知療法中，有一種圓餅圖法。

所謂圓餅圖法，就是把所有責任或不安的主因全部找出來，然後以圓餅圖的方式，標示出各個比例的方法。

比方說，在書中第二十六項（頁一三四至一三五）出現的「認為責任都在自己身上的A」，以及「認為自己只需負一部分責任的B」，他們兩人的責任心智占有率，有如下圖。

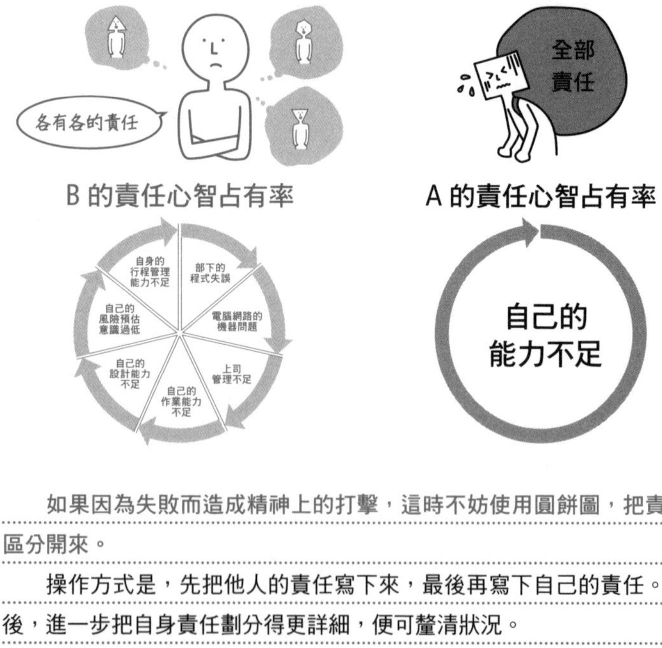

如果因為失敗而造成精神上的打擊，這時不妨使用圓餅圖，把責任區分開來。

操作方式是，先把他人的責任寫下來，最後再寫下自己的責任。然後，進一步把自身責任劃分得更詳細，便可釐清狀況。

第 5 章

善用「他人的力量」

30

完美主義者 嚴厲看待他人的失敗

高密度工作者 寬容對待他人的失敗

以下例子，是出自某家金融機構的兩位部長。

A部長是理想主義者，而且十分嚴格，他在這家公司以個性嚴厲出名。

「小過失會發展成大錯誤！由小見大，一葉知秋！」

「鬆懈就會帶來失誤。」

「為什麼不能更努力呢？」

從A的話語中可以感覺到，他對部下不夠努力及失誤的不滿和焦慮。

部下們都畏懼A部長，大家處於緊張的氣氛下工作，因此出了錯也隱而不告，行事變得十分被動。

「我的部下很少主動提案，也不會自動自發。」A部長十分感慨。

然而，從部下的立場來看，因為挑戰失敗會遭受斥責，自然對採取有風險的行動感到猶豫。

由A部長所帶領的團隊，即使能培養出確實奉命行事的人，卻很難養成能自主思考、自動自發的人，導致A部長一天到晚為了工作而氣急敗壞。

相對地，B部長則是以擅長培育人才而聞名。**他能清楚區分哪些過失應該指責，而哪些是可以原諒的錯誤**。

屬下對過失隱而不告、對客戶態度失敬等情況，他一定會嚴厲斥責，但如果是書面報告表達不清楚等瑣碎的細節，他則採取寬容、體貼的態度勸導改進。

同時，如果屬下積極挑戰卻以失敗收場，他會表揚對方勇於嘗試的態度，告訴部下哪裡做得好，以及應改善之處，因此，能夠促使部下提升幹勁。

結果，在B部長的屬下中，能夠自動自發的人數就變多了。

▼停止以「自己的規則」審判他人

完美主義者的思考習慣，尤其是「理想主義」傾向強烈的人，以很高的標準要求自己，不允許對自己寬容，而且絕不妥協，任何事都要求百分之百全力以赴。

而且，他們會以同樣的標準要求別人，無法原諒不努力或妥協的人，很容易因此感到焦慮煩躁。

讓自己從完美主義者轉變成高密度工作者，不但工作起來更輕鬆，相信也能對別人更寬容，減少對旁人不耐煩及指責的狀況。

完美主義者

對自己嚴格，
也以相同標準要求別人。

↓

部下因為害怕失敗，
而畏懼挑戰。

高密度工作者

認清「對方和自己不同」，
對失敗採取寬容的態度。

嚴格看待隱瞞過失等大事，
至於微不足道的失誤，
則認為誰都可能會犯。

↓

表揚勇於嘗試的態度，
培育出主動的部下。

實踐

1. 認清哪些失誤該指責，而哪些可以原諒。
2. 調整對待自己和他人的規則。

31

完美主義者 試圖討好每一個人

高密度工作者 被一部分的人全力支持

我過去服務的公司有位A課長，總是極力拒絕出席早會，就算拜託他出席，他一定也會先問：「開會目的是什麼？」

「我事後再看會議紀錄不行嗎？」

「一定要我參加才能決定嗎？」

只要沒有明確目的或必要性，他就拒絕參加。雖然周遭的人剛開始對他留下不好的印象，但漸漸了解這就是他的風格，如果非必要，就不會邀請他參加會議。

因此，A課長待在辦公桌的時間比別人長，他把這些時間運用在防範技術問題和解決課內問題。不但能夠早早下班，又可以做出成果，所以上司或其他部門都很倚重他。

另一方面，B課長則是擅長關照他人，個性非常體貼，難以拒絕他人，所以大家常會哀求他幫忙。B課長差不多一天得參加五場部下和其他部門邀約的會議，總是匆匆忙忙；即使為了處理關鍵問題，已忙到焦頭爛額，他還是會露個臉，無法改變自己試圖滿足所有人的風格。

結果，B課長因為無法好好解決專案發生的問題，總是加班到深夜，上司對他的評價也變低。

▼牢記「八面玲瓏」會招來損害

「不想讓別人討厭」，這是任何正常人都會有的想法。然而，如果過度在乎，就會產生問題。

「自己想做的事無法優先處理。」

「想說的話說不出口。」

「拒絕不了別人。」

類似這樣把精力花在不想被別人討厭上，時間就會不斷遭到削減。

傾向完美主義思考習慣，尤其是符合「恐懼被否定」的人，面對人際關係時，很容易為了被所有人認可而努力，只要被人討厭或批評，就會感到沮喪。

高密度工作者對於被別人討厭或否定，在某種程度內是能抱著接受的態度。

想嘗試新挑戰，必定會有反對者，或是背後有說風涼話的人，但是，只要有人真正給予支持就夠了。

像這樣拋開「避免被討厭而努力」的想法，就能幫助我們得到時間與精神上的餘裕。

完美主義者
因為害怕被討厭而無法拒絕，
以致承擔過多的工作。
麻煩你囉！
拜託你！

高密度工作者

即使旁人在背後說三道四，
也絕對不做非必要的工作。

實踐

1. 別想著要八面玲瓏。
2. 即使被討厭或否定，在某種程度上抱著「這也無可奈何」的想法。

32

完美主義者 希望所有人都達成協議

高密度工作者 掌握與關鍵人物的事前溝通

過去我曾在大公司從事業務工作，深知要取得內部決議真的很辛苦。每一項決議，都必須與二十位左右的必要關係人洽談過。

當時，身為完美主義者的我，剛被分派到業務部門時，要先和業務部主任、課長、部長談過，接著和技術部負責人、課長、部長，以及企劃部門等一一溝通。

結果，一個提案光是要所有人達成協議，就讓我筋疲力盡，尤其遇到不好說服的對象，總是講到幾乎詞窮，重新製作資料後再度拜訪才行。這些作業往返，耗費了我大量的時間。

觀察擅於達成協議的同事的做法，和我真是南轅北轍。

如果歸結成一句話來說，就是「掌握住關鍵人物」。

▼掌握關鍵人物，才能加快協調過程

不論公司內外，只要和關鍵人物建立好關係，就能順利達成協議，讓工作順利進行。

雖然說是關鍵人物，未必限定是組織中位高權重者。即使是一般人際關係裡，也會有與職務無關、「只要那個人說了就算」那般影響力強大的人。

而且，有時候依據當事人個性的不同，有些人會希望決議前先與他洽談，有些人則為了迴避風險，希望最後再洽談即可。

我觀察了高密度工作者「取得決議的方法」後，便加以改善，先思考要如何調整商談對象的順序，才能讓所有人都達成協議。

事前在腦海中推敲一遍後，取得同意的速度便加快三倍以上。

例如，如果最大的難關是技術部的課長，就先找該課長最信任的業務部長洽談，取得同意後，再與技術部課長洽談。

對方會認為：「既然〇〇部長說沒問題的話，就這樣吧！」如此便能輕鬆達成協議。

另外，若希望短時間獲得同意，則以召開會議的形式處理，只要事先疏通好，讓關鍵人物一開始先發言就行了。

希望巧妙推動組織或團隊事務，就是和具影響力的關鍵人物先建立良好關係，重要的是：必須事先了解能讓對方同意的關鍵點，以及尊重所有人的立場，不要讓別人覺得自己「被越權」或「被無視」。

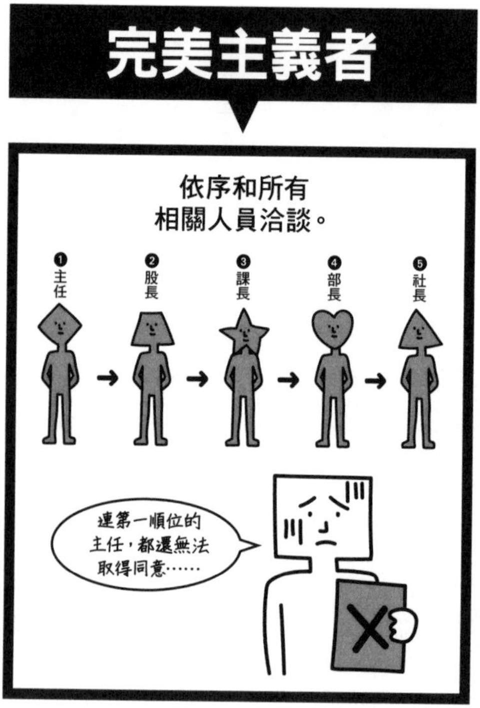
完美主義者
依序和所有
相關人員洽談。
❶主任
❷股長
❸課長
❹部長
❺社長
連第一順位的
主任，都還無法
取得同意……

高密度工作者

掌握關鍵人物，
思考如何安排協調對象順序。

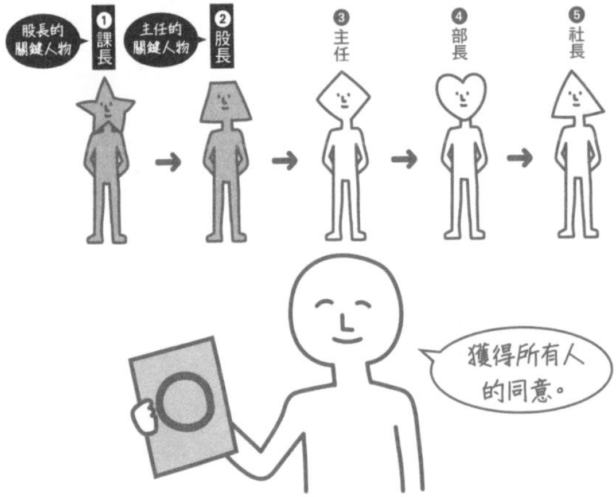

實踐

1. 認清楚誰是關鍵人物。
2. 先和關鍵人物建立良好關係。

33

完美主義者 憑一己之力奮戰
高密度工作者 巧妙借用他人力量

高橋政史的《為什麼聰明人都用方格筆記本?》中,有一段發人深省的內容。

麥肯錫公司及BCG(波士頓諮詢公司)的顧問,據說都把簡報資料的文書工作(製成PowerPoint的作業)外包給印度的公司。

他們並不是坐在電腦前,馬上著手製作PowerPoint,而是先把資料內容寫在方格紙上,呈現「只需要直接照著手寫內容,以電腦製成PowerPoint的格式即可」。

然後,把手寫稿傳真過去,隔天早上對方就會完成精美的簡報資料,並且透過電子郵件寄來。

在電腦上製作 PowerPoint，比單純寫在紙上要多花上三倍的時間。如果把製作 PowerPoint 的時間，用來手寫簡報資料，便足以完成三份了。由此可見，有時候不見得要靠自己的力量，巧妙借用他人之力比較好。

▼委託他人的技巧也需要磨練

適時把工作委託給別人，對完美主義者來說，是應該要克服的難題。因為他們除了畏懼失敗的風險，同時也擔心別人會不會在心裡抱怨：「幹嘛不自己做就好了？」所以，完美主義者覺得自行動手，在精神上反而輕鬆。

然而，就如同前述，**為了提高成果，一定要學會委託他人協助，才能專注在有更高價值的作業**。因此，應當把委託他人視作重要的工作技巧之一。

雖然一開始交接工作時，可能需要花一些時間或手續，但是這個負擔會漸漸減輕，總有一天可以完全交付給對方，讓彼此產生合作無間的默契，而這個默契到來之前，我們必須「忍耐」。

在此前提下，開始委託工作給他人。從中長期來看，花費這道工夫，未來必定能夠有收穫。

現在，先把不是由你親自動手也可以完成的工作，以及希望委託別人來做的事情，全部寫下來。

然後，一開始先預估百分之六十的完成度，或是提早委託對方。

如果是風險較高的工作，就先從簡單的部分開始，試著委託他人吧！

完美主義者

畏懼失敗的風險，所以無法把工作委託給別人。
需要幫你嗎？
不用了。
結果，連重要的工作也草率處理。
沒時間了。

高密度工作者

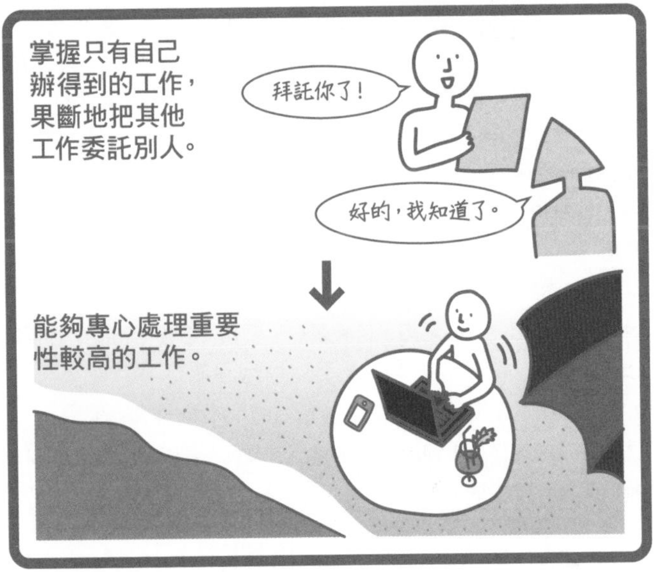
掌握只有自己辦得到的工作，果斷地把其他工作委託別人。
拜託你了！
好的，我知道了。
能夠專心處理重要性較高的工作。

實踐

❶ 提醒自己「委託他人能夠減輕負擔」，意願就會提高。

❷ 一開始就別期待做到完美，委託他人的恐懼就會少一點。

COLUMN 5

項目 28 的重點
（第一四二頁）

你是否常有「非黑即白的思考」？

所謂「非黑即白的思考」，就是當任何事情發生時，腦海瞬間浮現的「自動思考」習慣，這類型的人會有「好或壞」、「一百分或零分」等非常極端的思考方式。

非黑即白的思考並沒有如下的灰色地帶——雖然不完美，但不是完全做不好。

尤其是完美主義者，就算只有一點點不理想，他們也會認為應該要全部都做到好。因此，容易陷入自我厭惡，要執行各種事情時，也很難持之以恆。

你是否如同下表般，時常做出非黑即白的「二擇一判斷」呢？

建議你不妨先從小小的成果肯定自己，畢竟，能夠接受灰色地帶，才是我們成長的捷徑。

白	黑
順利（成功）	不順（失敗）
好	壞
合得來	合不來
喜歡	討厭
能幹	差勁
有自信	沒自信
做到完美	什麼都不做

結語
高密度工作者的思考與行為習慣

本書的目的，是想要傳達：

認清「什麼地方該用力，什麼地方可以放鬆」，使付出的努力獲得更大成果的思考及行為習慣。

只要能了解這一點，就不會一味地逼迫自己，能夠轉變為壓力減少，以更少的時間提升成果的高密度工作者。

身為習慣化顧問，我的座右銘是「改變習慣就會改變工作與人生的品質」。專門協助人們學會養成良好習慣、停止不良習慣的方法。

除了多年來的實際成效，我也有心理學的專業知識作為後盾。包括美國NLP高級執行師認證，並且鑽研過認知行動科學。

我把習慣大致分為以下三項。

① 行為習慣。

② 身體習慣。

③ 思考習慣。

關於行為習慣，同時也是身體習慣的收拾、節食、戒煙、運動、早起等面向，請參考拙作《改變人生的持續術》及《如何從習慣耍廢，到凡事事半功倍？》二書，裡面介紹了如何持續及停止不良習慣的方法。

此外，有關思考習慣則可參考《煩惱都是自己想出來的》一書，裡面有系統性的介紹。本書是根據其中的第七項思考習慣——「拋開完美主義」，做更加詳盡的說明。

如果你在工作或私人領域上，希望學會擺脫壓力的思考習慣，不妨參考該書其他八項思考習慣。

工作的效率和效果，深受思考及行為習慣左右。

因此，希望各位讀者每天就算只嘗試一個項目也好，立刻採取行動，一起實踐本書各項內容吧。

習慣化顧問公司董事長　古川武士

二〇一七年五月

HEART
心 | 視野　心視野系列 026

聚焦 20% 高密度工作力

學會「挑工作做」，用最少時間得到最大成效

図解 2 割に集中して結果を出す習慣術

作　　者　古川武士
譯　　者　卓惠娟
總 編 輯　何玉美
選 書 人　王俐雯
責任編輯　曾曉玲
封面設計　張天薪
內文版型　Copy
內文排版　菩薩蠻數位股份有限公司

出版發行　采實出版集團
行銷企劃　陳佩宜・陳詩婷・陳苑如
業務發行　林詩富・張世明・吳淑華・林踏欣・林坤蓉
會計行政　王雅蕙・李韶婉
法律顧問　第一國際法律事務所　余淑杏律師
電子信箱　acme@acmebook.com.tw
采實官網　http://www. acmebook.com.tw
采實粉絲團　http://www.facebook.com/acmebook

I S B N　978-957-8950-12-2
定　　價　280 元
初版一刷　2018 年 2 月
劃撥帳號　50148859
劃撥戶名　采實文化事業股份有限公司
104 台北市中山區建國北路二段 92 號 9 樓
電話：（02）2518-5198
傳真：（02）2518-2098

國家圖書館出版品預行編目資料

聚焦 20% 高密度工作力 / 古川武士作 ; 卓惠娟譯 .
-- 初版 . -- 臺北市 : 采實文化 2018.02
面； 公分
譯自 : 図解 2 割に集中して結果を出す習慣
ISBN 978-957-8950-12-2（平裝）

1. 職場成功法

494.35　　106025188

采實出版集團
ACME PUBLISHING GROUP